U0228889

"十三五"国家重点出版物
出版规划项目

"中国制造2025"
出版工程

聚合物增材制造技术

焦志伟 于 源 杨卫民 编著

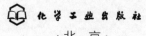

化学工业出版社
北 京

内 容 提 要

本书聚焦聚合物材料的增材制造技术（俗称 3D 打印），结合笔者多年研究成果与国内外技术发展现状，以 ASTM F2972 对增材制造技术的分类为依据，从原理、材料、工艺、设备、制品性能及应用等方面介绍了 7 种主流的增材制造技术，主要包括：熔融沉积成形技术、光固化成形技术、粉末床熔融成形技术、材料喷射成形技术、黏合剂喷射成形技术、定向能量沉积技术和层积成形技术。

本书汇集大量前沿科技进展及应用示例，理论性和实用性兼顾，较全面地反映了聚合物增材制造技术的内容和应用，可供聚合物加工的工程技术人员、研发人员和相关专业师生阅读、参考。

图书在版编目（CIP）数据

聚合物增材制造技术/焦志伟，于源，杨卫民编著.—北京：化学工业出版社，2020.9
"中国制造 2025"出版工程
ISBN 978-7-122-37172-0

Ⅰ.①聚…　Ⅱ.①焦…②于…③杨…　Ⅲ.①聚合物-复合材料　Ⅳ.①TB33

中国版本图书馆 CIP 数据核字（2020）第 096365 号

责任编辑：曾　越　张兴辉　　　　　　　　　　装帧设计：刘丽华
责任校对：王鹏飞

出版发行：化学工业出版社（北京市东城区青年湖南街 13 号　邮政编码 100011）
印　　装：三河市延风印装有限公司
710mm×1000mm　1/16　印张 13¾　字数 254 千字　　2020 年 10 月北京第 1 版第 1 次印刷

购书咨询：010-64518888　　　　　　　　　　售后服务：010-64518899
网　　址：http://www.cip.com.cn
凡购买本书，如有缺损质量问题，本社销售中心负责调换。

定　　价：79.00 元

序

　　制造业是国民经济的主体，是立国之本、兴国之器、强国之基。近十年来，我国制造业持续快速发展，综合实力不断增强，国际地位得到大幅提升，已成为世界制造业规模最大的国家。但我国仍处于工业化进程中，大而不强的问题突出，与先进国家相比还有较大差距。为解决制造业大而不强、自主创新能力弱、关键核心技术与高端装备对外依存度高等制约我国发展的问题，国务院于2015年5月8日发布了"中国制造2025"国家规划。随后，工信部发布了"中国制造2025"规划，提出了我国制造业"三步走"的强国发展战略及2025年的奋斗目标、指导方针和战略路线，制定了九大战略任务、十大重点发展领域。2016年8月19日，工信部、国家发展改革委、科技部、财政部四部委联合发布了"中国制造2025"制造业创新中心、工业强基、绿色制造、智能制造和高端装备创新五大工程实施指南。

　　为了响应党中央、国务院做出的建设制造强国的重大战略部署，各地政府、企业、科研部门都在进行积极的探索和部署。加快推动新一代信息技术与制造技术融合发展，推动我国制造模式从"中国制造"向"中国智造"转变，加快实现我国制造业由大变强，正成为我们新的历史使命。当前，信息革命进程持续快速演进，物联网、云计算、大数据、人工智能等技术广泛渗透于经济社会各个领域，信息经济繁荣程度成为国家实力的重要标志。增材制造（3D打印）、机器人与智能制造、控制和信息技术、人工智能等领域技术不断取得重大突破，推动传统工业体系分化变革，并将重塑制造业国际分工格局。制造技术与互联网等信息技术融合发展，成为新一轮科技革命和产业变革的重大趋势和主要特征。在这种中国制造业大发展、大变革背景之下，化学工业出版社主动顺应技术和产业发展趋势，组织出版《"中国制造2025"出版工程》丛书可谓勇于引领、恰逢其时。

　　《"中国制造2025"出版工程》丛书是紧紧围绕国务院发布的实施制造强国战略的第一个十年的行动纲领——"中国制造2025"的一套高水平、原创性强的学术专著。丛书立足智能制造及装备、控制及信息技术两大领域，涵盖了物联网、大数据、3D 打印、机器人、智能装备、工业网络安全、知识自动化、人工智能等一系列核心技术。丛书的选题策划紧密结合"中国制造 2025"规划及 11 个配套实施指南、行动计划或专项规划，每个分册针对各个领域的一些核心技术组织内容，集中体现了国内制造业领域的技术发展成果，旨在加强先进技术的研发、推广和应用，为"中国制造 2025"行动纲领的落地生根提供了有针对性的方向引导和系统性的技术参考。

这套书集中体现以下几大特点：

首先，丛书内容都力求原创，以网络化、智能化技术为核心，汇集了许多前沿科技，反映了国内外最新的一些技术成果，尤其使国内的相关原创性科技成果得到了体现。这些图书中，包含了获得国家与省部级诸多科技奖励的许多新技术，因此，图书的出版对新技术的推广应用很有帮助！这些内容不仅为技术人员解决实际问题，也为研究提供新方向、拓展新思路。

其次，丛书各分册在介绍相应专业领域的新技术、新理论和新方法的同时，优先介绍有应用前景的新技术及其推广应用的范例，以促进优秀科研成果向产业的转化。

丛书由我国控制工程专家孙优贤院士牵头并担任编委会主任，吴澄、王天然、郑南宁等多位院士参与策划组织工作，众多长江学者、杰青、优青等中青年学者参与具体的编写工作，具有较高的学术水平与编写质量。

相信本套丛书的出版对推动"中国制造 2025"国家重要战略规划的实施具有积极的意义，可以有效促进我国智能制造技术的研发和创新，推动装备制造业的技术转型和升级，提高产品的设计能力和技术水平，从而多角度地提升中国制造业的核心竞争力。

中国工程院院士 潘云鹤

前言

　　21 世纪是全球经济蓬勃发展的时代，是世界科学力量角逐的时代。 随着经济水平的不断提高和科学技术的迅猛发展，人们对物质文化生活的要求也越来越高。 如何提升产品更新换代的速度以适应人们越来越高的要求，成为每一个产品设计者、制造者首要考虑的问题。 当前备受关注的增材制造技术能很好地解决产品设计成本高、更新换代周期长的问题。

　　增材制造（Additive Manufacturing，AM）俗称 3D 打印，是依据三维模型数据将材料制作成物体的过程，可以直接将计算机辅助设计数字模型快速而精密地制造成三维实体零件，实现真正的自由制造。 增材制造技术涉及机械设计、机械电子工程、计算机辅助设计与制造技术、逆向工程技术、分层制造技术、数控技术、材料科学和激光技术等，是一门综合型和交叉型的前沿制造技术。 目前增材制造技术在航空航天、汽车、机械、生物医疗、艺术设计等领域已经获得一定规模的应用，其应用的深度和广度仍存在较大的发展空间。 从技术创新角度，增材制造技术已成为且仍将是制造业的研究热点，许多国家都对其展开了大量深入的研究。

　　本书以美国材料与试验协会（ASTM）的标准 ASTM F2972 对增材制造技术的分类为依据，介绍了七种增材制造技术的原理、材料、设备、工艺以及应用等，并加入了大量的最新研究进展。 本书聚焦聚合物材料的增材制造技术，同时考虑到部分工艺在金属、陶瓷等材料上也有广泛应用，对所涉及内容也作了相关介绍，全书共 8章：第 1 章简要介绍增材制造技术的基础知识，包括增材制造技术的定义、优缺点、分类以及标准等；第2~8章从成形原理、成形材料、成形工艺、制品性能及应用等方面分别对熔融沉积成形技术、光固化成形技术、粉末床熔融成形技术、材料喷射成形技术、黏合剂喷射成形技术、定向能量沉积技术、层积成形技术进行介绍。

由于增材制造技术涉及的学科和知识面非常广泛，而笔者的知识和经验有限，书中出现的疏漏恳请读者批评指正，多提宝贵意见，使之不断完善，笔者在此表示感谢。同时对参与此书编著的研究生马昊鹏、廖超群、邓暄、向声燚、刘由之、李荣军、杨勇、苗剑飞、程月等表示感谢。

编　者

目录

189 # 第 7 章 定向能量沉积技术

197 # 第 8 章 层积成形技术

中国制造
2025

第1章

增材制造基础知识

　　以信息技术为核心的科技产业变革已经出现，全球制造业孕育着从制造技术体系、制造模式到产业价值链的巨大变革，供需模式正由标准化批量生产转变为大规模个性化定制。增材制造技术是始于 20 世纪 80 年代的一种新型制造技术，是一种数字及信息资源驱动的高新技术，被誉为"具有工业革命意义的制造技术"，一经问世就受到工业界的广泛关注。英国《经济学人》杂志认为它将"与其他数字化生产模式一起推动实现第三次工业革命"，美国《时代》周刊将增材制造列为"美国十大增长最快的工业"。美国麦肯锡咨询公司发布的"展望 2025"报告中将增材制造技术列入决定未来经济发展的 12 大颠覆性技术之一。中国的增材制造技术则是从 20 世纪 90 年代开始的。图 1-1 所示为现代制造模式的发展趋势。

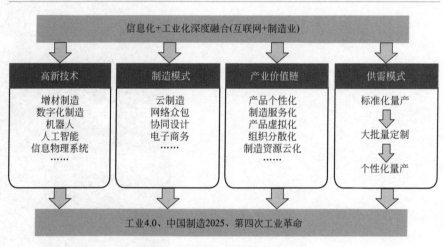

图 1-1　现代制造模式的发展趋势

1.1 增材制造的定义

　　增材制造（additive manufacturing，AM）技术是采用材料逐渐累加的方法制造实体零件的技术，能实现高度复杂结构制品的自由"生长"成形，相对于传统的材料去除-切削加工技术，是一种"自下而上"的制造方法。增材制造技术可极大地满足产品轻量化与高性能的设计需求，极大地解放了制造技术对于设计的限制。增材制造技术又称为快速成形技术，现统称为 3D 打印技术（3D printing technology）。本书后面也将增材制造技术统称为 3D 打印技术。

美国材料与试验协会 ASTM（American Society for Testing and Materials）F42 国际委员会将 3D 打印技术（增材制造技术）定义为：基于 3D 模型数据，采用与传统的减法制造技术相反的逐层叠加的方式生产物品的过程，通常通过电脑控制将材料逐层叠加，最终将计算机上的三维模型变为立体实物，是大批量制造模式向个性化制造模式发展的引领技术。从广义上来看，以各种设计数据为基础，将各种材料（包括 ABS、PLA，甚至各种细胞等）采用逐层叠加的方式，形成所希望得到的实体结构的技术，都可以称作增材制造技术。

1.2 3D 打印的优缺点

与传统制造技术相比，3D 打印有如下优点。

① 赋予设计环节极高的灵活性　传统制造技术和工匠制造的产品形状有限，产品成形受制于所使用的设备和工具。3D 打印可以突破这些局限，能够制造出传统制造技术制造不出来的、非常复杂的形状，甚至可以制作目前可能只存在于自然界的形状，为设计师开辟了巨大的设计空间，避免了设计的作品和零件无法制造的尴尬，为产品轻量化、高性能化、艺术化提供了技术保证。

② 能实现手版的快速制造　运用 3D 打印技术能够快速、直接、精确地将设计思想转化为具有一定功能的实物制品（样件），避免了传统制造技术制造模具高昂的成本和较长的生产周期。此外，将 3D 打印技术与传统的模具制造技术相结合，可以大大缩短模具制造的开发周期，从而缩短了产品的成形周期，提高生产率；将 3D 打印技术与传统铸造技术结合，亦可缩短铸造零件的供货周期。

③ 材料利用率高　基于增材制造原理，由于原料和实体的材料相同，可根据生产需求订购材料，材料的利用率非常高。同时，废品可以进行回收，经过处理再回收到系统中去，进一步提高了材料的利用率。

④ 实现多零件组件一体化制造　传统的大规模生产是建立在产业链和流水线基础上的，在现代化工厂中，机器生产出相同的零部件，然后由工人进行组装。产品组成部件越多，供应链和产品线都将拉得越长，组装和运输所需要耗费的时间和成本就越多。使用 3D 打印技术，由于无需考虑制造对设计的约束，可以将传统多零件组件一体化制造，使产品无需组装，简化生产流程，降低生产成本，减少劳动力。

⑤ 便捷性　与传统制造技术相比，3D 打印技术不需要刀具、夹具、机床或者任何模具，就可以把电脑中设计的三维模型转化为实体。因此，3D 打印所需要的机器资源更少，技术工人也更少。3D 打印能直接打印组装好的产品，省去了人工组装的成本。

虽然 3D 打印有以上的种种优点，但也存在以下几个方面的不足之处。

① 在规模化生产方面尚不具备优势　目前，3D 打印技术尚不具备取代传统制造业的条件，在大批量、规模化制造等方面，高效、低成本的传统减材制造法更胜一筹。现在看来，想用 3D 打印作为生产方式来取代大规模生产不太可能。且不说 3D 打印技术目前尚且不具备直接生产像汽车这样复杂的混合材料产品，即使该技术在未来取得长足进步，完全打印一辆车只怕要耗时好几个月，在成本上远远高于大规模生产汽车时均摊到每辆汽车上的成本。但是，如果能恰到好处地使用 3D 打印技术，可进一步提升产品的制造效率。

② 打印材料的限制　材料的限制主要表现为两个方面：一方面，目前的 3D 打印技术可打印的材料种类有限，主要包括塑料、石膏、陶瓷、砂和金属等，还无法完全适应工业生产中所需的各种各样的材料的打印，这使得 3D 打印技术只能应用于一些特定场合；另一方面，针对特定的 3D 打印机，可打印的材料种类更是特定的几种或几类，这使得针对每种或每类材料，都需要设计专属的 3D 打印机。

③ 质量和精度有待进一步提高　首先是质量问题，由于 3D 打印采用"分层制造，层层叠加"的增材制造工艺，属于"无压制造"，层与层之间的结合再紧密，也无法和传统模具整体浇铸而成的"有压制造"零件相媲美。零件材料的微观组织和结构决定了零件的物理性能，如强度、刚度、耐磨性、耐疲劳性、气密性等大多不能满足工程实际的使用要求。其次是精度问题，由于 3D 打印技术已有的成形原理及工艺尚不完善，其打印成形的零件精度包括尺寸精度、形状精度和表面粗糙度都有待进一步提高，大多不能作为功能性零件使用，只能作为原型件使用，从而使其应用范围变窄。

1.3　3D 打印的分类

目前，在国际上比较认可的 3D 打印分类方法是美国材料与试验协会（ASTM）F42 国标委员会制定的分类标准 ASTM F2972。基于 ASTM F2972 标准，可以将 3D 打印工艺分为图 1-2 所示的 7 种类型：熔融沉积成形技术（fused deposition modeling）；光固化成形技术（vat photopolymeri-zation）；粉末床熔融成形技术（powder bed fusion）；材料喷射成形技术（material jetting）；黏合剂喷射成形技术（binder jetting）；定向能量沉积技术（direct energy deposition）；层积成形技术（sheet lamination）。

图 1-2　3D 打印（增材制造）技术的分类

（1）熔融沉积成形技术

熔融沉积成形技术，标准 ASTM F2972 中称为 "material extrusion"，直译为"材料挤出"，顾名思义就是基于材料挤出工艺的增材制造技术，业内通常称为熔融沉积成形技术（fused deposition modeling，FDM）。熔融沉积技术是最常用的 3D 打印工艺之一，其原理是将丝状的热熔性材料加热熔化，再通过一个带有细微喷嘴的喷头挤出来，挤出来的热熔材料沉积在底板上或者前一层已经固化的材料上，温度低于固化温度时，材料就会固化，通过热熔性材料的层层沉积，最终将制品成形。

（2）光固化成形技术

光固化成形技术是一类利用光敏材料在光照射下固化成形的 3D 打印技术，打印材料主要是光敏树脂，一般为液态。打印过程主要是利用紫外线光固化每一层所需要固化树脂的区域，而平台在每一层固化完成后向下移动已经固化的实体，直到最后整个实体完成成形。

（3）粉末床熔融成形技术

粉末床熔融成形技术通常被称为铺粉式 3D 打印技术。其原理是先利用水平铺粉辊将粉末平铺到打印机的基板上，再通过激光束（电子束）按照 CAD 分层模型所获得的数据，对基板上的粉末进行选择性的熔化，加工出当层模型的区域。然后下降一个层高，进行下一层区域的成形。

（4）材料喷射成形技术

材料喷射成形技术是利用喷嘴喷出材料液滴，液滴沉积在工作平台上或者沉积在上一层材料上，并使得上一层的材料部分软化，从而使两层材料很好地结合在一起，当所有层都结合在一起后，最终形成 3D 打印零件。材料喷射成形技术原理与黏合剂喷射成形技术原理类似。

（5）黏合剂喷射成形技术

黏合剂喷射成形技术又被称为三维印刷（Three-Dimensional Printing，3DP）。这种工艺采用两种材料：一种是粉末材料，另一种是液态的黏合剂，通过打印头的喷嘴将液态的黏合剂喷到粉末里，从而将一层粉末在所选择的区域里进行黏合，层与层之间也会通过黏合剂的渗透作用黏结在一起。

（6）定向能量沉积技术

定向能量沉积技术是通过金属粉末或者金属丝在产品的表面上熔融固化来制造工件的，激光或电子束能量源在沉积区域产生熔池并高速移动，材料以粉末或丝状直接送入高温熔区，熔化后逐层沉积。从粉末的运输方式上来说，通常被称为送粉式 3D 打印。

（7）层积成形技术

层积成形技术又被称为薄材叠层技术，其原理是位于上方的切割工具首先按照分层 CAD 模型所获的数据，将一层薄层材料按零件的截面轮廓进行切割；然后，新的一层纸叠加在工作平台或上一层材料上，用切割工具再次进行切割；切割时工作台连续下降，直至完成零件的制作；切割掉的纸仍留在原处，起支撑和固定作用；最后，让单面涂有热熔胶的卷筒纸通过热压装置实现层层黏合。主要材料是可黏结的带状薄层材料（如涂覆纸、PVC 卷状薄膜），切割工具通常为激光束和刻刀。

1.4 3D 打印的标准

3D 打印标准的制定始于 2009 年，由 ASTM（美国材料与试验协会）F42 委员会首先提出有关 3D 打印的标准 ASTM 52912，2010 年 ISO（国际标准化组织）TC/261 委员会也开始了关于 3D 打印标准的制定，期间有很多其他国际组织也进行了对 3D 打印标准的制定。2013 年 ISO TC/261 与 ASTM F42 两个组织开始一起制定有关 3D 打印的标准，现行的有关 3D 打印的标准基本以这两个组织合订的标准为主。

中国全国增材制造标准化技术委员会（后面简称为标委会）于 2016 年成立，代号 SAC/TC562。标委会主要负责的专业范围为增材制造术语和定义、工艺方法、测试方法、质量评价、软件系统及相关技术服务等。截至本书成稿时，已经发布了 6 项国家标准，分别是：GB/T 35352—2017；GB/T 35351—2017；GB/T 35022—2018；GB/T 35021—2018；GB/T 37463—2019；GB/T 37461—2019。6 项标准的代号及主要内容等信息如表 1-1 所示。

表 1-1　中国全国增材制造标准化技术委员会已发布的标准代号及其信息

标准代号	主要内容	发布日期	实施日期	标准状态
GB/T 35352—2017	关于增材制造文件格式的标准	2017-12-29	2018-10-01	现行
GB/T 35351—2017	关于增材制造术语的标准	2017-12-29	2018-10-01	现行
GB/T 35022—2018	关于增材制造主要特性、测试方法及零件和粉末原材料的标准	2018-05-14	2019-03-01	现行
GB/T 35021—2018	关于增材制造工艺分类及原材料的标准	2018-05-14	2019-03-01	现行
GB/T 37463—2019	关于塑料材料粉末床熔融工艺规范的标准	2019-05-10	2019-12-01	现行
GB/T 37461—2019	关于增材制造云服务平台模式规范的标准	2019-05-10	2019-12-01	现行

在此之前，只有中国全国特种加工机床标准化委员会制定的一些关于增材制造设备的标准，主要有以下几个标准：GB/T 14896.7—2015；GB/T 20317—2006；GB/T 20318—2006；GB 20775—2006；GB 25493—2010；GB/T 25632—2010；GB 26503—2011。各个标准主要内容见表 1-2。

表 1-2 国内关于增材制造设备的标准

标准代号	主要内容
GB/T 14896.7—2015	规定了关于增材制造机床的标准术语
GB/T 20317—2006	规定了熔融沉积快速成形机床精度检验方面的标准
GB/T 20318—2006	规定了熔融沉积快速成形机床参数方面的标准
GB 20775—2006	规定了熔融沉积快速成形机床安全防护技术要求方面的标准
GB 25493—2010	规定了以激光为加工能量的快速成形机床关于安全防护技术要求方面的标准
GB/T 25632—2010	规定了快速成形软件数据接口的标准
GB 26503—2011	规定了快速成形机床安全防护技术要求方面的标准

在标准计划方面，除了上面已经制定完成的 6 项标准外，标委会还有 1 项国标计划正在批准，7 项国标计划正在起草。这 8 项国标计划的计划号和内容如表 1-3 所示。

表 1-3 标委会未发布的国标计划的计划号及主要内容等信息

计划号	项目主要内容	下达日期	项目状态
20151392-T-604	制定关于增材制造设计要求、指南和建议方面的标准	2015-08-18	正在批准
20173701-T-604	制定关于增材制造金属材料定向能量沉积工艺规范方面的标准	2018-01-09	正在起草
20173700-T-604	制定关于增材制造金属件热处理规范方面的标准	2018-01-09	正在起草
20173698-T-604	制定关于增材制造金属材料粉末床熔融工艺规范方面的标准	2018-01-09	正在起草
20173699-T-604	制定关于增材制造材料挤出成形工艺规范方面的标准	2018-01-09	正在起草
20180182-T-604	制定关于增材制造数据处理方面的标准	2018-03-20	正在起草
20184168-T-604	制定关于增材制造增材技术制造金属件机械性能评价通则方面的标准	2018-12-29	正在起草
20184169-T-604	制定关于增材制造材料、粉末床熔融用尼龙 12 及其复合粉末方面的标准	2018-12-29	正在起草

在国际标准方面，在 ISO 和 ASTM 两个组织联合制定标准之前，ISO 制定过 ISO 27547-1：2010 标准，该标准主要是关于激光烧结的条件对所成形制品的影响、通过激光烧结制备热塑性材料的试样时要遵循的一般原则以及无模技术制备试样的一般原则。

F42 和 TC/261 联合制定标准之后决定将增材制造标准分为 4 个方面，

分别是：①协调现有的 ISO 17296-1 和 ASTM 52912 术语标准；②标准测试工件；③购买增材制造部件的要求；④设计指南。其中，①③两方面由 ISO 进行召集和制定，②④两方面由 ASTM 进行召集和制定。

ISO 与 ASTM 到目前为止已经出版的联合标准主要有以下 5 个：ISO/ASTM 52921：2013；ISO/ASTM 52900：2015；ISO/ASTM 52915：2016；ISO/ASTM 52901：2017；ISO/ASTM 52910：2018。五个联合标准的主要内容如表 1-4 所示。

表 1-4　五个联合标准的主要内容

标准代号	主要内容
ISO/ASTM 52921：2013	主要规定了关于标准术语、坐标系和测试方法的标准
ISO/ASTM 52900：2015	主要规定了关于增材制造的一般原则和术语的标准
ISO/ASTM 52915：2016	主要规定了增材制造文件格式（AMF）的规范
ISO/ASTM 52901：2017	主要规定了通过增材制造生产的采购零件的要求
ISO/ASTM 52910：2018	主要阐述了关于增材制造设计的要求、指导和建议

在联合制定标准之后 ISO 单独制定的标准有以下 3 个：① ISO 17296-3：2014；②ISO 17296-4：2014；③ISO 17296-2：2015。其中①主要是关于测试方法的标准，②是关于设计/数据格式方面的标准，③是关于工艺类别和原料概述方面的标准。ASTM 单独制定的标准主要分为两个方面：①测试方法；②材料和流程。其中测试方面的标准只有两个 ASTM F2971-13 和 ASTM F3122-14，前者主要是关于汇报增材制造试样的数据的标准规程，后者是关于评估由增材制造工艺制造的金属的机械性能的标准指南。而材料和流程方面的标准有很多，例如 ASTM F2924-14、ASTM F3001-14、ASTM F3049-14 等，这里不展开说明。

目前 ISO 与 ASTM 两个组织还在不断地制定一些新标准，其中正在审核的标准有 25 项，这 25 项可以分为以下几个方面：一般原则；设计；数据格式；资格原则；环境健康与安全；材料挤出；金属粉末床。25 项待审核标准分类及主要内容见表 1-5。

表 1-5　ISO 与 ASTM 制定的 25 项待审核标准分类及主要内容

分类	标准代号	主要内容
一般原则	ISO/ASTM DIS 52900	主要是关于增材制造基础知识和词汇方面的规定和说明
	ISO/ASTM DTR 52905	关于增材制造成品的无损检测
	ISO/ASTM CD TR 52906	关于增材制造成品部件缺陷的标准指南

续表

分类	标准代号	主要内容
一般原则	ISO/ASTM CD 52950	关于数据处理概述方面的标准
	ISO/ASTM CD 52921	关于增材制造的标准术语、坐标系和测试方法的标准,同样这个标准也是对 2013 年制定的 ISO/ASTM 52921:2013 标准的更新
设计	ISO/ASTM CD TR 52912	关于功能分级的增材制造的标准
数据格式	ISO/ASTM DIS 52915	是对 2016 年出版的 ISO/ASTM 52915:2016 标准的更新,主要是制定了增材制造文件格式(AMF)版本 1.2 的规范
	ISO/ASTM WD 52916	关于优化医学图像数据的标准规范
	ISO/ASTM CD TR 52918	有关于文件格式支持、生态系统和演变的标准
资格原则	ISO/ASTM AWI 52924	关于聚合物部件增材制造的质量等级的标准
	ISO/ASTM WD 52925	关于使用激光进行粉末床熔合的聚合物材料的鉴定的标准
	ISO/ASTM DIS 52942	关于航空航天领域金属粉末床熔合 3D 打印机器和设备操作人员的资格标准
环境健康与安全	ISO/ASTM AWI 52931	关于金属材料使用的标准指南
	ISO/ASTM WD 52932	关于使用材料挤出法测定台式 3D 打印机颗粒排放率的标准测试方法
材料挤出	ISO/ASTM FDIS 52903-1	关于原材料
	ISO/ASTM DIS 52903-2	关于工艺与设备
	ISO/ASTM CD 52903-3	关于最终制品
金属粉末床	ISO/ASTM FDIS 52911-1	金属激光粉末床熔合
	ISO/ASTM FDIS 52911-2	聚合物激光粉末床熔融
	ISO/ASTM FDIS 52904	金属粉末床熔合工艺的实践,以满足关键应用
	ISO/ASTM FDIS 52907	表征金属粉末的方法
	ISO/ASTM AWI 52909	金属粉末床熔合力学性能的取向和位置依赖性
	ISO/ASTM FDIS 52902	增材制造系统的几何能力评估
	ISO/ASTM AWI 52908	粉末床熔融金属零件的质量保证和后处理的标准规范
	ISO/ASTM DIS 52941	航空航天领域金属粉末床熔合 3D 打印设备验收的标准测试方法

随着 ISO 和 ASTM 两个组织对 3D 打印标准制定的不断深入、不断严格、不断细化,3D 打印技术也发展得越来越快。相信在不久的将来,3D 打印一定会有更多的应用,让人们更好地发挥自己的设计才能。

参考文献

［1］ 卢秉恒，李涤尘.增材制造（3D打印）技术发展[J].机械制造与自动化，2013，42（04）：1-4.

［2］ 李涤尘，贺健康，田小永，等.增材制造：实现宏微结构一体化制造[J].机械工程学报，2013，49（06）：129-135.

［3］ 金枫.基于粘结剂喷射的喷墨砂型三维打印技术新进展[J].机电工程技术，2018，47（09）：109-114.

［4］ 朱艳青，史继富，王雷雷，等.3D打印技术发展现状[J].制造技术与机床，2015（12）：50-57.

［5］ 陈晓纤.基于ASTM F2792标准的金属3D打印技术体系及其在云制造平台中的应用[J].工业技术创新，2018，05（04）：18-25.

［6］ Jian Yuan Lee, Jia An, Chee Kai Chua. Fundamentals and applications of 3D printing for novel materials[J]. Applied Materials Today, 2017（7）：120-133.

［7］ 周文秀，韩明，黄树槐，等.薄材叠层制造材料的分析[J].材料导报，2002（03）：59-61.

［8］ 薛文彬，袁丹.薄材叠层制造（LOM）型快速成形机在小型零件加工中的运用[J].电子制作，2013（19）：51.

中国制造
2025

第2章

熔融沉积成形技术

熔融沉积成形技术于 1988 年由美国的 Scott Crump 提出。次年，Scott Crump 成立了 Stratasys 公司，该公司目前为 3D 打印行业的龙头企业之一。1992 年，第一台基于熔融沉积成形技术的 3D 打印产品出售。由于 FDM 技术使用热熔喷头替代了激光烧结工艺的激光器，使 FDM 3D 打印设备的成本大幅降低，同时提高了 FDM 技术的普及性和易用性，甚至在可预期的未来实现每个家庭均拥有一台 3D 打印机。这种分布式加工模式将在一定程度上颠覆传统集成式制造的加工方式。

2.1 熔融沉积成形技术的原理、设备和材料

2.1.1 熔融沉积成形原理

熔融沉积成形技术的工作原理是将加工成丝状的热熔性材料经过送丝机构送进热熔喷头，在喷头内丝状材料被加热熔融，同时喷头沿零件切片轮廓和填充轨迹运动，并将熔融的材料挤出，使其沉积在指定的位置后凝固成形，与前一层已经成形的材料黏结，层层堆积最终形成产品模型。熔融沉积成形系统组成和工作原理如图 2-1 所示。

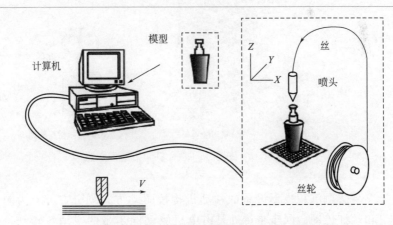

图 2-1 熔融沉积成形系统组成和工作原理

2.1.2 熔融沉积成形设备

如图 2-2(a) 所示，熔融沉积成形设备主体由三维移动机构、挤出装

置、喷头与成形平台组成。三维移动机构控制喷头与成形平台相对运动，进而实现空间立体成形。图 2-2(b) 所示为熔融沉积成形设备挤出装置，大多为电机控制的两齿轮相对旋转啮合丝状耗材［见图 2-2(c)］送入热熔喷头，使其熔融挤出并堆积在成形平台上。喷头与成形平台通过控制系统精确联动控制挤出耗材的三维空间，精确定位沉积堆叠。

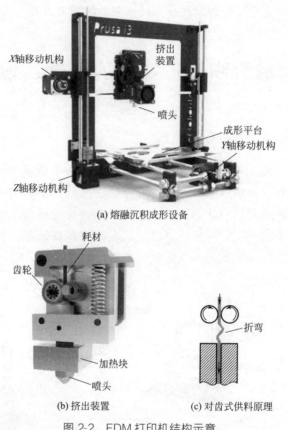

(a) 熔融沉积成形设备

(b) 挤出装置　　(c) 对齿式供料原理

图 2-2　FDM 打印机结构示意

　　熔融沉积成形设备的移动机构按驱动方式划分，可分为同步带传动和丝杠传动。同步带传动是由电机驱动同步带的主动轮转动，进而由皮带带动直线导轨上的滑块前后移动。同步带具有噪声低、移动速度快、成本较低等特点，可以实现比丝杠更高的速度，但同步带传动的定位精度比丝杠要低。丝杠传动即由电机通过联轴器或同步带轮驱动丝杠转动，进而推动固定在直线导轨上的滑块前后移动。丝杠传动具有定位精度高、摩擦力小、刚性高、负载能力强特点，可实现精准定位。

熔融沉积成形设备的成形坐标系可分为空间直角坐标系（笛卡儿坐标系）和极坐标系。大多数设备采用空间直角坐标系，其结构和控制系统相对简单。目前快速发展的以极坐标系为成形坐标系的设备相比于空间直角坐标系的设备而言，具有设备零件少、设备体积小、成形空间大等优点，也为使用者提供了另一种成形结构和算法。

2.1.3　熔融沉积成形材料

熔融沉积成形技术所采用的材料为圆形截面的热塑性高分子聚合物丝状耗材，丝的直径通常为 1.75mm 或 3mm。为保证挤出装置供料的稳定性，要求材料具有一定的模量，因此常规的熔融沉积成形设备不适应 TPU 等软弹性材料的成形要求，否则在供料过程中容易出现材料折弯等不稳定现象，如图 2-2(c) 所示。

材料在加工过程中要经过固态、熔融态、冷却固化三个阶段，这就要求材料具有熔融温度较低、熔融状态下黏度低、较低的收缩率和足够的黏结强度等性质。具体而言，材料熔融温度越低，对喷头加热元件以及设备流道密封要求低；材料熔融状态下黏度低可使材料具有较好的流动性，有助于材料顺利挤出，且有利于与上一层的黏结；较低的收缩率可避免已沉积材料在冷却过程中产生严重的翘曲变形，保证打印过程的顺利进行与打印精度。目前最常见的熔融沉积成形材料为 ABS（丙烯腈-丁二烯-苯乙烯共聚物）和 PLA（聚乳酸）。

2.2　熔融沉积成形制品质量的影响因素

2.2.1　传动结构对制品质量的影响

不同设备的三维传动结构不同，对制品成形质量有着一定的影响。图 2-3 所示为两款典型的不同传动结构的熔融沉积成形 3D 打印机，为方便论述，分别称其为 A 型和 B 型。

这两款机型均为同步带传动，但三维传动方式不同。A 型 3D 打印机三维运动方式为喷头沿 X、Z 方向运动，平台沿 Y 方向运动（以使用者面向打印机视线方向为 Y 方向，水平方向垂直于 Y 方向为 X 方向，竖直方向为 Z 方向），实现三轴联动。而 B 型打印机为喷头沿 X、Y 水平方向运动，平台沿 Z 方向运动。

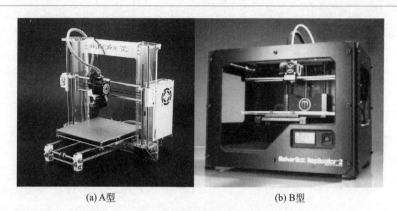

(a) A型　　　　　　　　　　　(b) B型

图 2-3　熔融沉积成形 3D 打印机

　　不同三维运动方式导致打印过程对圆柱体模型产生的振动不同。使用两款 3D 打印机以相同材料和相同打印参数制作直径 6mm、高度 100mm 的圆柱体，如图 2-4 所示。

　　由图 2-4 可知，B 型 3D 打印机制作的圆柱体表面较为光滑，而 A 型 3D 打印机制作的圆柱体顶端有明显水平方向位移，导致打印失败。如图 2-5 所示，由于 A 型 3D 打印机的成形平台沿 Y 方向运动，当平台高速运动时，随打印位置升高，制品顶部摆动幅度增大，喷头挤出的熔融耗材不能在规定位置沉积，导致层纹明显，产生水平位移，甚至摆动幅度过大导致制品脱落，成形失败。

(a) A型3D打印机制作　　(b) B型3D打印机制作

图 2-4　圆柱体模型实际效果

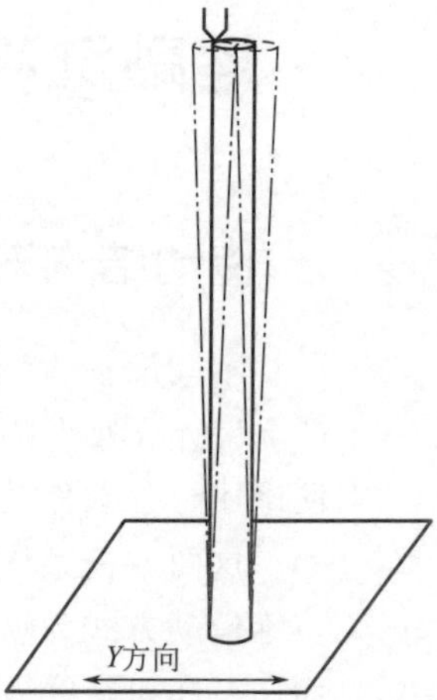

图 2-5　A 型 3D 打印机高速打印过程中圆柱体制品摆动

　　A型3D打印机工作时可适度降低沿Y方向移动的速度，减小制品摆动幅度，提高制品精度和成形成功率，也可在打印设置中在制品与成形平台接触面下方加一底座，如图2-6所示，底座形状与制品底面形状相同且底座面积比制品底面大，增加制品与成形平台接触面积也可减小平台高速运动时制品的侧向摆动幅度，提高制品精度。而B型3D打印机工作时其平台没有侧向运动惯量，故打印速度改变对其制品精度影响较小。

图2-6　增加底座效果

　　图2-7(a)所示为一种并联臂式传动结构的3D打印机，该结构的3D打印设备打印速度较快，但打印精度稍低，且喷头调平困难，故未能大规模应用。图2-7(b)所示为一种五轴联动3D打印机，该设备成形平台可变换角度，亦可旋转，可有效避免使用支撑结构，一定程度上可以提高设备加工精度、材料利用率和可加工零件样式，故该结构具有较好的发展前景。

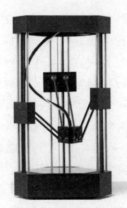 

(a) 并联臂式传动结构3D打印机　　　　(b) 五轴联动3D打印机

图2-7　其他传动方式的3D打印机

　　根据设备制得制品精度级别和打印稳定性的不同，熔融沉积成形设备可分为消费级与工业级，如图2-8所示。工业级设备制得的制品精度、强度较高，可满足工业上的部分需求，如3D打印的航空器、汽车结构件；而消费级设备价格低廉，虽不能达到工业要求，但依然可以满足制作日常用品的需求，可见熔融沉积成形 3D 打印技术应用场景的覆盖面较为广泛。

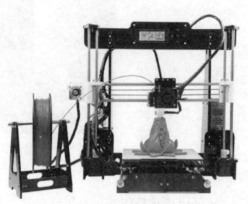

(a) 消费级3D打印机　　　　　　　　　　(b) 工业级3D打印机

图 2-8　熔融沉积成形设备及制品

2.2.2　材料种类对制品质量的影响

不同的打印材料打印的制品具有不同的品质。在制品打印过程中熔融耗材从下至上堆积，在温度迅速降低过程中，层间、制品表层与内部温度差异导致体积收缩量不同而产生内应力，由此产生翘曲变形，严重影响制品精度，甚至导致成形失败。通常来讲，材料收缩率越小、熔融流动性越好、打印温度越低，越利于提高打印制品质量。ABS 属于非结晶性热塑型高分子材料，收缩率为 0.4%～0.9%，无毒、无味，未改性粒料外观呈象牙色半透明。PLA 是以乳酸为主要原料聚合得到的聚合物，原料来源充分，而且可生物降解，主要以玉米、木薯等为原料，收缩率约为 0.3%，热稳定性好，加工温度 175℃左右。

图 2-9 所示为 PLA 材料和 ABS 材料打印制品的边缘照片，明显可见 ABS 材料翘曲现象更为严重，外形误差较大。改善翘曲变形现象有以下方法：

① 提高打印环境温度，减小环境温度与制品温差，可通过增加成形腔内整体加热或成形平台加热功能解决。

② 利用切片软件在制品下方增加大面积制品底座，如图 2-10 所示，增大制品底面与成形平台接触面积，使制品与成形平台接触更加紧密。

③ 更换收缩率较小的材料或改善材料性能。

④ 增加成形平台粗糙度，增大制品底面与成形平台接触面积。

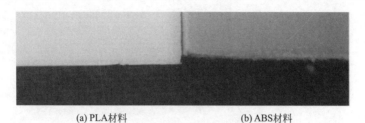

(a) PLA材料　　　　　　(b) ABS材料

图 2-9　熔融沉积成形工艺打印制品翘边现象

图 2-10　熔融沉积成形工艺制品底座

2.2.3　工艺参数对制品质量的影响

熔融沉积成形工艺中有众多可调整的工艺参数，这些工艺参数将直接影响制品的成形质量。下面对熔融沉积成形工艺的主要工艺参数对制品质量的影响进行逐一分析。

（1）层高

熔融沉积3D打印机喷头孔径大多为0.2～0.4mm，喷头形状为圆形，为保证上下两层能够牢固地黏结，层高需要小于喷头直径。如图2-11所示，当PLA材料打印层高小于喷头直径时，通过喷头对熔融状态耗材向下的挤压与耗材挤出量的控制实现材料的沉积。理论上制品表面精度主要由层高决定，层高越小，表面层纹凸起部分越小，其表面粗糙度越小，精度越高。如图2-12所示为光学显微镜下PLA材料打印层高分别为0.1mm、0.2mm和0.3mm时制品的表面质量。

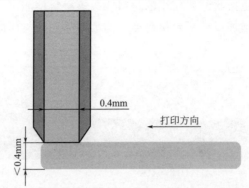

图 2-11   PLA 材料层高小于喷头直径时的成形状态

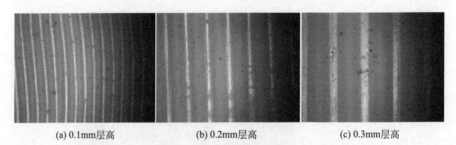

(a) 0.1mm层高   (b) 0.2mm层高   (c) 0.3mm层高

图 2-12   光学显微镜下不同层高 PLA 制品表面质量

　　3D 打印是一种由下至上的逐层堆叠成形技术，故每层堆叠的层高对于制品精度有重大影响，尤其是在制品表面有一定斜度的情况下，如图 2-13 所示，实际打印制品轮廓会与理论模型产生一定尺寸超差，制品表面出现阶梯状纹路，我们称之为"台阶效应"。

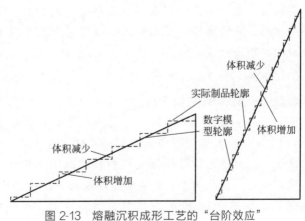

图 2-13   熔融沉积成形工艺的"台阶效应"

层数增加，制品实际轮廓相较于理论模型轮廓的超差部分体积越小；层高相同、斜度越大，制品实际轮廓相较于理论模型轮廓的超差部分体积越小。反之层数越少、斜度越小、层高越大，台阶效应越明显。

（2）填充样式与填充率

熔融沉积成形工艺制品内部可设置不同密度、不同样式的网格填充，如图 2-14 所示。填充率为 100% 则制品是实心结构，填充率为 0 则制品是空壳结构，填充率越高，制品强度越高。制品内部的填充网格的密度与形状可根据制品所需强度不同而自由设定，使制品在力学强度与节省材料间选取最优平衡点。

图 2-14　熔融沉积成形工艺制品内部网格填充

（3）打印速度

熔融沉积成形工艺喷头与运动平台的相对运动速度即为打印速度。如图 2-15 所示，以喷头运动为例，在快速折返运动或圆周运动时，喷头会在 X 方向或 Y 方向做快速的"加速-减速"运动。由于 3D 打印机的打印速度控制一般为开环控制，惯性会使喷头运动超出指定位置，使制品尺寸大于理想尺寸。

对于改善制品表面因喷头惯性产生均匀凹凸痕迹的现象，可采用适当降低填充速度的方式或降低填充与外部边界的重叠率实现。

（4）温度

对于热塑性高分子材料而言，流动性与温度成正相关。温度过高，材料流动性过好，会导致制品边缘不规则、发生变形、成形尺寸与理想尺寸不一致等现象产生；温度过低，材料流动性变差，可能会产生出料不稳定、层间黏结性差等问题。

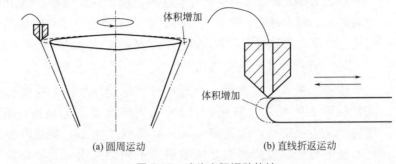

(a) 圆周运动　　　　　　(b) 直线折返运动

图 2-15　喷头实际运动轨迹

图 2-16　FDM工艺支撑部分示意

（5）支撑

如图 2-16 所示，当制品为上端大、底部小的形状时，其上方悬空部分的正下方必须制作支撑才可架起上方制品。支撑部分在打印结束后需去除，但制品表面与填充网格的点接触部分难以完全去除，导致制品界面边缘极为粗糙，无法满足制品精度要求。故对于表面精度要求较高的模型，应尽量避免支撑的使用或将支撑与制品接触面设置在制品的非功能面。

如图 2-17 所示，支撑部分为网格状，制品实体部分依靠熔丝自身张力悬放于支撑网格上方，支撑部分与制品实体部分为点接触，熔丝由于自身重力原因在支撑网格的空隙会发生下垂现象，导致制品边界部分变形或超出理想边界。

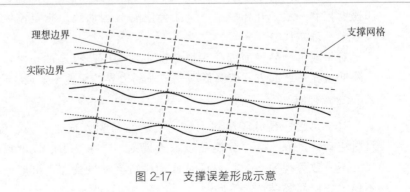

图 2-17　支撑误差形成示意

影响熔融沉积成形制品质量的工艺参数众多，各参数间存在耦合关系且参数与制品质量间的关系很大程度上与3D打印设备相关，导致了难以对工艺参数与制品质量进行定量分析，本书仅对较为重要的影响因素进行了定性分析。无论是定性分析还是定量分析，都可为提高熔融沉积成形制品质量提供理论指导并有助于进一步推动熔融沉积成形技术进入工业、医疗、建筑以及日常消费领域的实际应用之中。

2.3 熔融沉积成形技术的优缺点

熔融沉积成形技术之所以能被广泛应用并得到迅速发展，主要因为其具有以下优点：

① 可反映打印耗材的本真性能　如PLA 3D打印制品可具有PLA材料较好的生物相容性与可降解性能，采用纤维增强材料可有效提升基体材料的力学性能等。

② 成形精度较高　熔融沉积成形工艺的分层厚度可达0.1mm，可有效保证一般用途零件的使用要求。

③ 成形零件具有优良的综合性能　经检测，使用ABS、PLA等材料成形的零件，其力学性能可达到注塑零件的60%～80%。如果能使打印方向与受力方向协同，其力学性能可接近或超过注塑零件。此外，熔融沉积成形工艺制作的零件在尺寸稳定性、对环境的适应能力方面远远超过用SLS、LOM等成形工艺制作的零件。

④ 设备简单、低廉、可靠性高　由于这种工艺中不使用激光器及其电源，很大程度上简化了设备，使机身尺寸大幅减小，且成本降低。

⑤ 成形过程对环境无污染　这种工艺所使用的材料一般为无毒、无味的热塑性材料，因此对周围环境不会造成污染，并且在运行过程中噪声很低，适合于办公应用。

除上述优点以外，熔融沉积成形技术有如下缺点：

① 成形材料种类有限。传统的熔融沉积成形设备难以胜任弹性体、热固性塑料、金属、陶瓷等多样化材料的打印成形要求。

② 受成形空间的限制。传统的熔融沉积成形设备通常采用直径为1.75mm的丝状耗材，只能制造中小型零件，大型零件由于效率极低而失去可行性。

③ 成形过程中不可避免的"台阶效应"使成形零件表面具有明显的

纹理。

④ 成形过程为"点→线→面"方式，成形时间较长，效率较低。

⑤ 由于塑性材料的热胀冷缩，该工艺在成形薄板类零件时，易发生翘曲变形。

使成形零件具有更好的精度和力学性能，是熔融沉积成形技术亟待解决的关键问题。就此问题，众多研究者所运用的方法主要可以归结为两种：第一种是对现有熔融沉积成形设备进行改进；第二种是对现有的熔融沉积成形设备的工艺参数进行优化配置，使成形零件的精度和力学性能指标达到最优。

2.4　基于熔融沉积成形原理的创新工艺

熔融沉积成形工艺已经历了近 30 年快速发展，且仍处于高速发展期。基于熔融沉积成形的基本原理，近年来发展了多种快速成形方式，例如：熔体微分 3D 打印工艺；多色、混色、多材料 3D 打印工艺；陶瓷 3D 打印工艺；金属 3D 打印工艺等。

2.4.1　熔体微分 3D 打印工艺

目前熔融沉积成形工艺因有受限于耗材形态种类、加工制品尺寸较小等缺点，一直难以在工业场合广泛应用。针对上述不足，北京化工大学杨卫民教授研发了聚合物熔体微分 3D 打印工艺。该工艺可直接采用塑料粒/粉料作为原材料，消除了传统设备对材料模量的要求，拓宽了耗材选用范围，同时降低耗材成本，在加工大型工业制品和批量打印方面具有独特优势。

（1）熔体微分 3D 打印工艺原理

熔体微分 3D 打印是基于熔融沉积成形方法的一种成形工艺，其成形过程包括耗材熔融、按需挤出、堆积成形三部分。熔体微分 3D 打印的工作过程如图 2-18 所示，以热塑性粒料为原料，使其在机筒中加热熔融，并由螺杆建压、输送至热流道；熔体经热流道输送至阀腔中，阀针开合可控，熔体可选择性地以微丝或微滴形式按需挤出喷嘴，形成熔体"微单元"。熔体微单元会在三维移动平台上按需排布并逐层堆叠，最终形成三维制品。

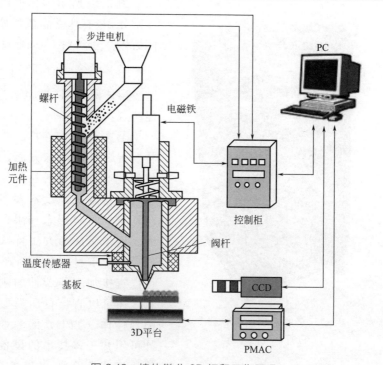

步进电机

螺杆

电磁铁

加热元件

控制柜

温度传感器

阀杆

基板

CCD

3D平台

PMAC

PC

图 2-18　熔体微分 3D 打印工作原理

（2）熔体微分 3D 打印系统及设备

熔体微分 3D 打印系统包括结构单元和控制单元两部分，其中结构单元包括耗材塑化装置、按需挤出装置、堆积成形装置；控制单元包括运动控制装置、温度调节装置、耗材检测装置、压力反馈装置，如图 2-19 所示。

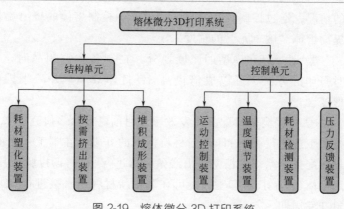

熔体微分3D打印系统

结构单元

控制单元

耗材塑化装置

按需挤出装置

堆积成形装置

运动控制装置

温度调节装置

耗材检测装置

压力反馈装置

图 2-19　熔体微分 3D 打印系统

图 2-20　熔体微分
3D 打印成形设备

图 2-20 所示为杨卫民团队根据熔体微分 3D 打印基本成形原理设计制造的熔体微分 3D 打印成形设备。

(3) 熔体微分 3D 打印工艺特点

熔体微分 3D 打印工艺具有如下性能特点:

① 材料适应性广。采用螺杆式供料装置,材料形态方面,可直接打印热塑性高分子材料粒料及粉料,打破了目前熔融沉积设备大多只能采用丝状耗材的材料形态局限;材料种类方面,由于该成形方法特殊的挤出结构设计,对于材料的适配性极好,不仅可以直接加工热塑性的刚性高分子材料,还可以直接打印类似热塑性聚氨酯弹性体(TPU)的弹性体材料。此外可用基于该技术的设备直接打印金属粉末或陶瓷粉末与黏合剂的浆体,通过后期粉末冶金的方式可以得到纯度较高的金属或者陶瓷制品。该技术相比于传统基于激光烧结技术的金属和陶瓷 3D 打印设备而言,在保证制品强度和精度与传统设备成形制品相当的前提下,大幅降低了成形成本,为大型化 3D 打印提供了可能性。

② 丰富了堆积单元的形态,提高了制品质量。熔体微分 3D 打印设备采用针阀式结构作为熔体挤出控制装置,避免了敞开式喷嘴容易流延的情况;通过控制阀针开合,能够精确控制熔体的挤出流量和挤出时间,提高熔体"微单元"的精度。

③ 通过打印模型的区域划分,在制备大型制品时,通过多喷头同时打印的方法,可以成倍提高 3D 打印效率,并减小因内应力造成的形变。

④ 可提高耗材配方研发效率。目前已有众多研究者采用熔体微分 3D 打印工艺进行 3D 打印创新材料体系的开发。在本工艺之前,新 3D 打印材料配方体系须先精密挤出线条后再进行 3D 打印以验证其打印性能;利用熔体微分 3D 打印工艺,可在制得新材料后直接进行 3D 打印,缩短材料开发周期。

（4）熔体微分 3D 打印案例

① TPU 3D 打印　图 2-21 展示了利用熔体微分 3D 打印设备打印的 TPU 制品，制品的弯曲性能较好，可实现随意弯曲，且变形后能够迅速回弹，韧性较好。

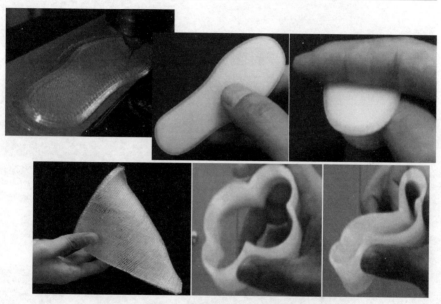

图 2-21　熔体微分 3D 打印设备打印的 TPU 制品

② 复合材料 3D 打印　图 2-22(a)、(b) 展示了基于熔体微分 3D 打印实验平台制备的碳纳米管/聚乳酸（CNT/PLA）导电复合材料电路。可以看出，电路宽度一致，打印稳定，且与基材有很好的黏结效果。当基材弯曲时，电路随之弯曲，可用于制备柔性电路。图 2-22(c) 为 3D 打印的防静电外壳，制品表面致密，无断丝、毛刺及过度堆积等现象，坚固抗摔；图 2-22(d) 为层间结构放大图，熔体呈现圆柱状，层与层之间保持良好连接，说明在垂直方向能保持良好的力学性能。

③ 金属材料 3D 打印　图 2-23 展示了利用熔体微分 3D 打印设备打印不锈钢粉末与聚合物共混材料的金属毛坯和后期加工得到不锈钢制品的全过程及打印的纯铜制品。

熔体微分 3D 打印工艺不仅在加工材料方面相比传统熔融沉积成形技术有着突出的优势，在成形加工工艺上也具有独一无二的特性，即以材料微滴为最小成形单元，微滴按需堆叠进行三维立体成形，对于该成形技术的详细工艺环节将在第 5 章中具体讲解。

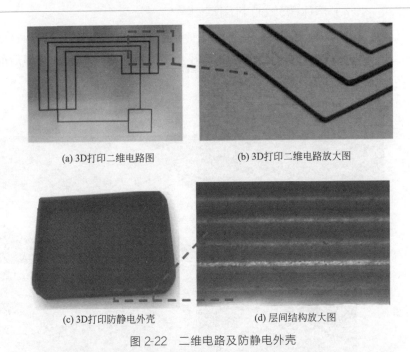

(a) 3D打印二维电路图 (b) 3D打印二维电路放大图

(c) 3D打印防静电外壳 (d) 层间结构放大图

图 2-22 二维电路及防静电外壳

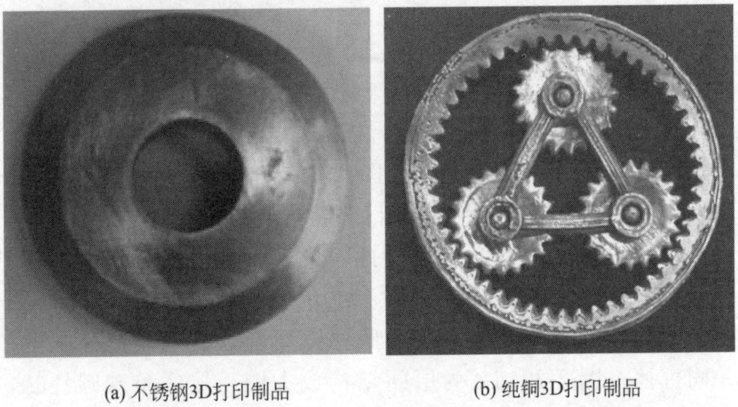

(a) 不锈钢3D打印制品 (b) 纯铜3D打印制品

图 2-23 熔体微分 3D 打印设备打印的金属制品

(5) 工业级熔体微分 3D 打印系统

北京化工大学杨卫民教授依据熔体微分 3D 打印基本原理，设计并制造大型塑料制品的工业级熔体微分 3D 打印机，如图 2-24 所示，挤出系统固定在 Z 轴垂直运动轴上，运动平台可沿 X、Y 方向运动，打印体积为 1500mm×1500mm×1500mm。

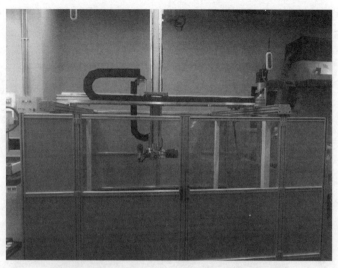

图 2-24　基于双阶螺杆挤出的大型工业级熔体微分 3D 打印机

　　工业级熔体微分 3D 打印机可用于制造铸造模具来替代传统铸造工艺所采用的木质模具，一定程度上提升开模效率，提高铸造产业经济收益。如图 2-25(a) 所示为某零件阳模的三维数字模型。如图 2-25(b) 为采用喷嘴直径为 5mm 的设备打印得到的阳模制品，精度较低，表面质量较差，但打印成形速度较传统开模工艺成倍缩减。经数控机床后处理后，如图 2-25(c) 所示，阳模的精度和表面光洁度均有大幅提高，满足实际工业使用需求。

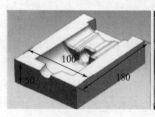
(a) 三维数字模型

(b) 3D打印阳模制品

(c) 后处理制品

图 2-25　3D 打印铸造模具

　　利用大型工业级熔体微分 3D 打印机可高速、低成本制备大型塑料模具及制品，在铸造用木模制造领域有较好的应用前景，一定程度上能提升开模效率，提高铸造产业经济收益。

图 2-26 所示为基于熔体微分 3D 打印原理的多喷头熔体微分 3D 打印设备，可实现多种材料的同时打印，可在同一制品中同时体现多种材料的性能，使 3D 打印制品的应用场景更为广泛。

图 2-26 多喷头熔体微分 3D 打印设备

2.4.2 多色 3D 打印工艺

随着对 3D 打印的认识与需求的逐步提升，人们对 3D 打印物品的创意、工艺、价格和美观等要求也不断提高。目前，基于熔融沉积成形技术的彩色 3D 打印实现方式主要有：单喷头打印，中途暂停换料续打；全彩色墨水染色；3D 打印后自动上色；双喷头或多喷头装载不同颜色线材，控制不同颜色挤出；通过材料混合头将不同颜色的耗材续接在一起，制作彩色耗材；采用混色方案，使用多入口单出口内置混料熔腔的设计，以实现多色打印的效果。

美国 Makerbot 公司在 2013 年发布了 Makerbot 2X 双喷头打印设备，如图 2-27 所示。采用双喷头双色打印方案，其优点在于可以精确控制制品各部位颜色，但喷头数限制了其制品颜色种类，该设备只可使用两种颜色进行打印。

2014 年来自美国新泽西州的 Michael Stabile 在众筹平台 Kickstarter 上发布了全球首个带四个喷头的挤出机 Multistruder，如图 2-28 所示，Multistruder 挤出机可挂载在目前任意一台熔融沉积成形设备的喷头处，可使用其 4 个喷头分别打印 4 种颜色的耗材。

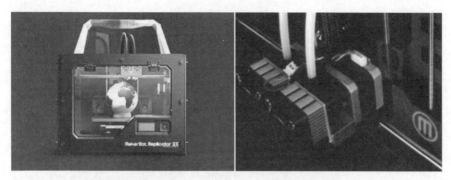

图 2-27　Makerbot 2X 双喷头打印设备以及双喷头

图 2-28　Multistruder 4 色挤出机

　　美国威斯康星-麦迪逊大学（University of Wisconsin-Madison）的 Cedric Kovacs-Johnson 和 Charles Haider，通过对单色聚合物材料施加染色工艺来实现全彩色的 3D 打印。其工作原理是通过精确计算各自位置所需的颜色，然后用不同颜色的墨水去染打印耗材中相应的部分。这种彩色 3D 打印无需多个喷嘴和多种不同颜色的线材，只需要一个喷嘴即可实现彩色 3D 打印。

　　如图 2-29 所示，日本的 CrafteHbot 3D 打印机巧妙改装了 2D 打印机上的喷墨系统，并用该系统对打印后的对象进行上色。在上色时，机器控制 3D 打印制品旋转，由喷墨头从不同的角度对制品喷墨上色。但目前该技术有众多限制因素：使用者需将 2D 打印机的喷墨打印头拆下来，装在 CrafteHbot 打印机上；由于喷墨打印机的油墨喷涂距离只有 10mm，故该系统只能对形状简单的制品上色，如果制品形状过于复杂的话，需分成多个部分分别打印，上色后再组装。

图 2-29　CrafteHbot 3D 打印设备及其制品

Richard Horne 创造了可实现三个挤出机将红黄蓝三色耗材精确送入三入口一出口的三色混色喷头内并混合出设定颜色熔丝挤出堆叠成形的 FDM 设备 Richrap，如图 2-30 所示。

图 2-30　Richrap 制品及混色喷头

加拿大的 ORD 公司发明了能使用 7 种线材的多彩桌面级 3D 打印机 RoVa4DORD（图 2-31）。该设备既可打印渐变色材料，亦可精确控制零件不同部位颜色，使熔融沉积成形制品的颜色更加丰富和灵活，满足个性化定制工艺品的要求。

实现多彩打印亦可通过如图 2-32 所示的混色耗材实现。将混色耗材直接放入普通单色熔融沉积成形打印设备中,即可制作与多进一出喷头相同效果的混色打印制品。

图 2-31　RoVa4DORD 设备

图 2-32　混色耗材

2.4.3　多材料 3D 打印工艺

多材料的混合 3D 打印方式能够创造一个本身具有不同属性的产品而无需组装,其目的是通过减少制造产品的步骤来提高效率。与单一材料的 3D 打印相比,它可以一次制造拥有多种功能或物理属性的产品,而不需要再把各种部件组装起来。多材料混合 3D 打印技术加快了复杂结构产品推向市场的速度,并可以精确计算所需的原材料数量,减少了生产浪费。而在柔性机器人、轻质结构和灵活电子设备等领域,多材料混合 3D 打印技术正在掀起一场前所未有的革命。

美国麻省理工学院研发出了一款可以一次打印 10 种材料的 3D 打印机 MultiFab,引起了美国国防部的关注,如图 2-33 所示。MultiFab 同时打印 10 种材料,包括晶状体、纺织物、光纤和复杂的超常材料,应用范围从科学到艺术均覆盖。在大多数情况下,MultiFab 打印出来的物体都是一次成形,不需要任何后期处理。由于其具备能够处理多种材料的特性,因此其应用范围也会更广。

MultiFab 打印机不仅能够混合打印多种材料,还能够将复杂的电子器件、电路和传感器等直接植入对象。3D 打印机的多材料直接混合打印和植入能力可以在最初打印器件中直接嵌入复杂的电子器件,省去了手工装配的环节,极大地降低了成本和浪费。另外,除了军事应用,这项技术在柔性机器人、普通的医疗或者消费应用领域也大有前景。

图 2-33　MultiFab 多材料 3D 打印机及制品

　　不过 MultiFab 打印过程十分缓慢，打印一块自定义尺寸的手机屏幕可能需要 1h；而更复杂的多色小型轮胎则需要将近一天半的时间。打印速度成为多材料打印机的弊端之一。

　　基于伊利诺伊大学和哈佛大学相关专利开发的 Voxel8 桌面 3D 打印机如图 2-34 所示。该设备具有两个不同的打印头，一个是基于常见熔融沉积成形技术的使用熔融线材的打印头，另外一个则是使用导电银墨水的打印头。能够打印功能材料是 Voxel8 3D 打印机的核心技术。同时，Voxel8 公司研制出可在室温下与范围广泛的多种基体材料无缝集成的高导电油墨，其银墨水的导电性是当前导电性最好的热塑性线材的 20000 倍，是碳基油墨材料的 5000 倍。

图 2-34　Voxel8 桌面 3D 打印机及其打印的制品

2.4.4 金属 3D 打印工艺

常见的金属 3D 打印需要使用高密度能量，如激光或者电子束，根据预先确定的形状熔融打印床上的金属粉体，并创建出 3D 结构。尽管这种方法能够生成复杂的金属 3D 结构，但是其成本非常昂贵且耗时，而且对于某些特定结构无法完成，如中空的零部件。采用金属熔融沉积成形技术，可通过电加热喷头替代价格高昂的激光发生器，使用高含量金属粉末的聚合物复合材料耗材，通过加热喷头熔融挤出堆叠成形，大幅降低金属 3D 打印的价格门槛，扩展了金属 3D 打印技术的应用场景。这种工艺打印完成后需进行烧结以去除聚合物材料相。

为满足低成本地制造批量个性化且力学性能较好的金属零件，华中科技大学张鸿海教授提出了半固态金属挤出成形工艺。该工艺结合了半固态成形和熔融沉积技术，实现了低成本制造金属零件的目的。该设备采用五轴联动数控技术，突破了熔融沉积工艺无法成形悬臂件的缺陷。图 2-35 所示为半固态金属挤出成形设备及制品。

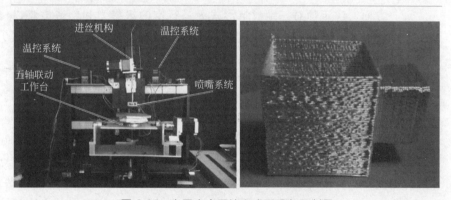

图 2-35　半固态金属挤出成形设备及制品

Virtual Foundry 公司研发了一种金属熔融沉积成形耗材，耗材中的金属成分为 99.9%。这款线材产品能够把所有熔融沉积成形 3D 打印机变为具备制造青铜、黄铜制品能力的设备。这款耗材的研制成功有助于推动金属 3D 打印进入大众消费市场。使用该耗材需在 3D 打印之后将其制品放入高温炉中进行脱脂烧结，最终实现制品的高纯度金属成分，如图 2-36 所示。

与 Virtual Foundry 研发的金属熔融沉积成形工艺类似，德国弗劳恩霍夫制造技术与先进材料研究所（FraunhoferIFAM）也开发了一种金属

3D 打印工艺。使金属材料与高分子聚合物混合，共混后的金属复合材料具有可 FDM 打印性。在打印过后经过烧结工艺即可制备高纯度金属 3D 打印制品。

图 2-36　金属熔融沉积成形制品

2.4.5　建筑材料 3D 打印工艺

长期以来，建筑工程建造方式受限于传统的建造工具及技术手段。一方面，建筑师对三维建筑形式天马行空的想象力和创造力难以付诸实践，另一方面，粗犷的建造技术给环境带来了严重的破坏，造成了巨大的资源消耗和浪费。

Joseph Pegna 是第一个尝试使用水泥基材料进行建筑构件 3D 打印的科学家，其方法类似于熔融沉积法：先在底层铺一层薄薄的沙子，然后在上面铺一层水泥，用蒸汽使其快速固化成形。当前应用于建筑领域的 3D 打印技术主要有三种：D 型工艺（D-Shape）、轮廓工艺（Contour Crafting）和混凝土打印（Concrete Printing）。D 型工艺由意大利发明家恩里克·迪尼发明，D 型工艺打印机的底部有数百个喷嘴，可喷射出镁质黏合物，在黏合物上喷撒沙子可逐渐铸成石质固体，通过一层层黏合物和沙子的结合，最终形成石质建筑物。工作状态下，三维打印机沿着水平轴梁和 4 个垂直柱往返移动，打印机喷头每打印一层时仅形成 5~10mm 的厚度。打印机操作可由电脑 CAD 制图软件操控，建造完毕后建筑体的质地类似于大理石，比混凝土的强度更高，并且不需要内置钢筋进行加固。目前，这种打印机已成功地建造出内曲线、分割体、导管和中空柱等建筑结构。2013 年 1 月，一位荷兰建筑师与恩里克·迪尼合作，尝试运用 D 型工艺技术建造一栋建筑，命名为"Landscape House"。该工艺甚至可以用于建筑人类在月球上的居所。

"轮廓工艺"是由美国南加州大学工业与系统工程教授比洛克·霍什

内维斯提出的。如图 2-37 所示，轮廓工艺的材料是从喷嘴中挤出的，喷嘴根据设计图的指示，在指定地点喷出混凝土材料。然后，喷嘴两侧附带的刮铲会自动伸出，规整混凝土的形状。这样一层层的建筑材料砌上去就形成了外墙，再扣上屋顶，一座房子就建好了。轮廓工艺的特点在于它不需要使用模具，打印机打印出来的建筑物轮廓将成为建筑物的一部分，研发者认为这样将会大大提升建筑效率。目前，运用该技术已经可打印墙体，而且该团队正在与美国宇航局合作，试图将轮廓技术运用到美国未来"火星之家"项目中，建造人类在火星上的居所。

图 2-37 利用轮廓工艺制作的墙体和建筑效果图

混凝土打印由英国拉夫堡大学建筑工程学院提出，该技术与轮廓工艺相似，如图 2-38 所示，使用喷嘴挤压出混凝土通过层叠法建造构件。该团队研发出一种适合 3D 打印的聚丙烯纤维混凝土，并测试了这种混凝土的密度、抗压、抗折强度、层间的黏结强度等物理性质，证实该混凝土可以用于混凝土 3D 打印。目前该团队用混凝土打印技术制造出了混凝土构件。

图 2-38 混凝土打印

2014年8月21日，盈创新材料（苏州）有限公司使用一台巨型3D打印机，采用特殊混凝土进行打印，如图2-39所示。在一天内主要利用可回收材料建造了10栋200m²的毛坯房，展示了3D打印机的强大功能。这台超级3D打印机长150m、宽10m、深6m，打印出的结构件可以用作搭建小型建筑，虽然是预制件结构，却很坚固。用于打印结构件的材料混合了高标号水泥、回收利用建渣和工业废料，所有材料用玻璃纤维加固。很明显，这里的3D打印技术和传统的3D打印不太一样——房屋不是当场一次性打印出来。超级3D打印机会打印出一层层的房屋结构件，再由工人负责现场安装，而且软件可以为管路和窗户等部分预留位置，建筑安装到位后可以加装这些部分。

图 2-39　建筑巨型 3D 打印机及制品

根据现有的资料分析，3D打印可采用如下方式建造建筑物。

（1）全尺寸打印

建筑越大所需要的3D打印机越大，3D打印机越大，打印精度和打印速度就会变差。所以现阶段的单一打印主要是解决3D打印房屋的一些基本问题，如材料、控制、精度等。

（2）分段组装式打印

即建筑的模块化，在工厂里把每块打印好，最后在现场进行组装。这种方法的优点是解决了建筑尺寸的限制，缺点是现场的组装工作又涉及密集型劳动，提高了成本。

（3）群组机器人集体打印装配

就是一群3D打印机像蜜蜂一样共同执行任务（如打印整幢房屋）。这样，打印机的尺寸跟建筑尺寸无关，同时打印机的智能要求也可以大大降低。这种自组织自协调的群体智能方式也是现在人工智能的研究方向。

建筑材料3D打印工艺不仅是一种全新的建筑方式，更是一种颠覆传统的建筑模式。与传统建筑技术相比，3D打印建筑的优势主要体现在以下方面：

① 更快的打印速度，更高的建筑效率；

② 不再需要使用模板，可以大幅节约成本；

③ 更加绿色环保，减少建筑垃圾和建筑粉尘，降低噪声污染；

④ 减少建筑工人的使用，降低工人的劳动强度；

⑤ 节省建筑材料的同时，内部结构还可以根据需求，运用声学、力学等原理做到最优化；

⑥ 可以给建筑设计师更广阔的设计空间，突破现行的设计理念，设计打印出传统建筑技术无法完成的复杂形状的建筑。

2.4.6　陶瓷3D打印工艺

陶瓷材料具有高强度、耐高温、耐腐蚀等优良性能，在机械、能源等领域有着广泛的应用，但这些特性也导致了陶瓷材料加工困难的问题。传统的陶瓷加工方法难以制造具有复杂结构的陶瓷，而陶瓷3D打印技术可直接打印具有复杂结构的陶瓷零件，拥有着无可替代的优势。

在陶瓷3D技术发展初期，3D打印技术在陶瓷领域的应用主要是模型的制作，利用3D打印的精致模具再翻模成形。但随后，3D打印逐渐能够完成真实陶瓷产品的制作。2009年，位于土耳其伊斯坦布尔的Unfold设计室发起"Stratigraphic Manufactury"项目，2012年10月，Unfold设计室在"Deseen"杂志公布了他们的最新研究成果。利用自行研发的3D打印设备成功打印了造型各异的日用陶瓷制品。有些产品经表面上釉并烧制后，效果较好，质量与传统陶瓷制品相同，如图2-40所示。

图2-40　陶瓷3D打印机及制品

配制陶瓷浆料可使用螺杆挤出机或气压挤出,即可实现在成形平台上制作陶瓷坯体,之后经过高温烧结处理制备高性能陶瓷制品。如 S. Maleksaeedi 等使用纯 Al_2O_3 为原料,以聚乙烯醇(PVA)为黏合剂制备陶瓷浆料,Ozkol E 等用平均粒径为 $2.75\mu m$ 的 ZrO_2 粉体和粒径在 $30\sim100nm$ 间的 3Y-TZP(3%氧化钇稳定的氧化锆)粉体制作陶瓷浆料,Gingter 等采用纳米 Al_2O_3 和纳米 3Y-TZP 为原料,以 PEG400(聚乙二醇)为黏合剂制备陶瓷浆料。

3D 打印技术在陶瓷领域的应用还不完全成熟,可用于 3D 打印的陶瓷浆料难以制备,陶瓷粉体与黏合剂的比例、pH 值、颗粒尺寸和浆料的流变性能等都将对陶瓷制品的性能产生影响。随着新颖陶瓷浆料的开发和新型成形技术的应用,3D 打印技术在陶瓷领域的应用将会越来越广泛。

2.4.7　玻璃 3D 打印工艺

玻璃制品是人们日常生活中最为常见的制品。3D 打印与玻璃产业的结合,不仅可以大大提高玻璃生产的效率,提高成品率,还可以完成复杂形状的打印,充分发挥玻璃艺术创作者的创作天赋,促进玻璃行业的快速发展。然而,玻璃熔融沉积成形工艺和传统 3D 打印相比难度更大,挑战性更高。玻璃材质熔点高、玻璃液态固化成形需要精确的温度控制等问题,均成为阻碍玻璃 3D 打印发展的难题。

美国麻省理工学院玻璃实验室开发了一种玻璃 3D 打印的先进工艺——玻璃 3D 打印(Glass 3D Printing,G3DP)技术,采用双层加热炉的概念,如图 2-41 所示。3D 打印机的上层负责加热玻璃,以 1000℃高温将玻璃熔成液态,然后通过同样耐高温的硅酸铝氧化锆陶瓷喷头喷出,将液态玻璃一层层地塑造成想要的模样,下层则是负责慢慢降温、冷却,以避免玻璃因为温度变化过大而碎裂。

图 2-41　G3DP 工艺加工过程及制品

　　基于硬度、光学品质、经济性和可用性等因素，玻璃材质在 3D 打印领域有着非常独特的潜在价值。也正是因为这点，最终开发出了现在的玻璃 3D 打印新技术。G3DP 融合了当今尖端科技与传统玻璃制造工艺，能够通过对打印厚度的精确控制，定制光线的穿透率、反射率和折射率等，创建出较为复杂的 3D 打印几何形状结构和光学变化形式。

2.4.8　食品 3D 打印工艺

　　食品 3D 打印技术是在熔融沉积 3D 打印技术的基础上发展的一种快速食品制造机械，不仅可以人性化地改变食物形状，改良食品品质，还可以自由搭配均衡营养。食品 3D 打印技术让人们无须满身大汗地在炉火前烹煮，轻轻松松就能制作出美味食品，其目的在于帮助人们节省手工烹煮时间，精简制作过程，从而鼓励人们养成健康的饮食习惯，多吃自制食品。

　　食品 3D 打印机是将 3D 打印技术应用到食品制造层面上的一种机器，主要由自动化食材挤出装置、成形平台和移动装置等部分组成，它所制作出的食物形状、大小和用量都由电脑操控，其工作原理和操作方法与 3D 打印机相似。其使用的打印材料是可食用的食物材料和相关配料，将其预先放入容器内，食谱输入机器，开启按键后注射器上的喷头就会将食材均匀喷射出来，按照逐层打印堆叠成形制作出立体食物产品。使用者可以自主决定食物的形状、高度、体积等，不仅能做出扁平的饼干，也能完成巧克力塔，甚至还能在食物上完成卡通人物等造型。用于食品打印的材料来源丰富，可以是生的、熟的、新鲜的或冰冻的，将其绞碎、混合、浓缩成浆、泡沫或糊状，打印出的食品口感各异，方便咀嚼下咽，同时还可自由搭配营养。对于咀嚼困难或有吞咽困难的老年人或病人，3D 打印食品不仅人性化地改变食物形状以及改良食品品质，更提供了均衡营养。

　　世界首款食品 3D 打印机是西班牙创业公司 Natural Machines 研制出的名为 Foodini 的食品打印机。Foodini 内设的 5 个胶囊可用来储存不同食材。在使用 Foodini 时，首先把新鲜食材搅拌成的泥状材料装入胶囊内，然后在该设备的控制面板上选择想要做的食物图标就可启动制作。Foodini 上有 6 个喷嘴，可以通过不同的组合，制作出各种各样的食物。Foodini 不能烹煮食物，用户需把打印好的食物加热煮熟后才能享用。Foodini 打印机及打印的食品见图 2-42。

图 2-42   Foodini 打印机及打印的食品

2011 年，英国埃克塞特大学研究人员开发出世界首台巧克力 3D 打印机，此后经过技术改进于 2012 年上市。巧克力 3D 打印机使用巧克力浆代替油墨进行巧克力打印，同时使用保温和冷却系统，每层巧克力打印后经过凝固过程，再打印下一层，打印形状丰富各异，受到了广大消费者的喜爱。巧克力 3D 打印的食品见图 2-43。

图 2-43   巧克力 3D 打印的食品

3D 打印食品原料简易，多为粉末或液浆，搭配方便，易保存且保质期长，这些特征使其在航天食品领域得以应用。2013 年美国宇航局投资开发食品 3D 打印机，方便宇航员在空间作业时使用。可以带去太空的新鲜食品类型有限，而食品 3D 打印机既能提供新鲜食物又能保证营养，同时设备体积小节省空间。

与当前包括打印机等大多数挤出系统相比，3D 食品打印系统还有很长的路要走。例如，使用装满融化的巧克力浆注射器很容易成形一个计算机程序规定的形状，但其他材料（如水果、蔬菜和肉类等）具有不同的黏度、弹性、加工温度，对食品 3D 打印是一个挑战，这需要更进一步的研究和试验。

2.4.9 生物 3D 打印工艺

生物 3D 技术是以计算机三维模型为基础，通过离散-堆积的方法，将生物材料或细胞按仿生形态、生物体功能、细胞特定微环境等要求，打印出同时具有复杂结构与功能的生物三维结构、体外三维生物功能体、再生医学模型等生物医学产品的 3D 打印技术，该技术在生命科学领域的应用日益广泛，现已成为 21 世纪最具发展潜力的前沿技术之一。目前已采用生物 3D 打印技术制造出骨骼、皮肤、血管、肾脏等人体器官。

图 2-44   Regenovo 3D bio-print Work Station 生物材料 3D 打印机及制品

如图 2-44 所示，来自杭州电子科技大学徐铭恩团队自主研发出 Regenovo 3D bio-print Work Station 生物材料 3D 打印机，目前已在这台打印机上成功打印出较小比例的人类耳朵软骨组织、肝单元等。该研究成果被期刊 Biomaterials 评为 2012 年在生物 3D 打印领域的最高水平。清华大学徐弢等利用心肌细胞和生物材料模拟打印了动物心脏。发现打印出的细胞能够有节奏地跳动，提示打印出的器官可以具有一定的功能。将羊水中提取的干细胞进行 3D 打印，并加入骨系分化因子，可以获得活性的骨组织。同时，国家千人计划康裕建教授的科研团队利用 Rollovesseller 3D 打印平台，以含种子细胞、生长因子和营养成分等组成的"生物墨汁"，结合其他材料层层打印出产品，经打印后培育处理，形成有生理功能的组织结构。美国宾夕法尼亚大学 Miller 等首先将碳水化合物玻璃打印成网格状模板，再用浇注法复合载细胞水凝胶形成管道状血液通路。Lee 等制备了内径 1mm 的 3D 打印水凝胶管道模型，成功诱导周围毛细血管形成了微血管床。美国 Organovo 公司利用生物 3D 打印技术打印出人体肝脏薄片，微型肝脏厚 0.5mm，长和宽约 4mm，却具有真正肝脏的大多数功能。北京化工大学焦志伟等用熔体微分 3D 打印技术制备羟基磷灰石（HA）/聚己内酯（PCL）组织工程支架，探讨了其内部结构和力学性能并验证了利用熔体微分 3D 打印机打印生物活性 nano-HA/PCL 复合材料组织工程支架在骨组织工程中的可行性。

目前，生物 3D 打印技术，机遇与挑战并存，如：单细胞、多种细胞、细胞团簇的受控三维空间输送、精准定位、排列与组装，以及生物制造过程中对细胞的损伤及生物功能的影响等。由于人体复杂的器官结构及功能的多样性，细胞与生物材料的特殊性，材料学、制造学、生物学等多交叉学科的合作及多喷头生物 3D 打印设备的应用，必将成为学科未来发展的趋势与主流，也是实现复杂器官制造的核心所在。在不远的将来，随着研究的不断深入、各学科的整合与突破、诸多科学问题的逐一突破，生物 3D 打印将会成为一种非常简单、容易、迅速的医疗技术，也将成为临床上最为准确、快捷、有效的修复手段，最终高效应用于临床，造福于患者。

2.4.10　4D 打印

所谓 4D 打印，比 3D 打印多了一个"D"，也就是时间维度。人们可以通过软件设定模型和时间，变形材料会在设定的时间内变形为所需的形状。准确地说 4D 打印是一种能够自动变形的材料，直接将设计内置到物料当中，不需要连接任何复杂的机电设备，就能按照产品设计自动折叠成相应的形状。4D 打印的关键是智能材料。

SkylarTibbits 提出的 4D 打印技术的核心是智能材料和多种材料 3D 打印技术。该课题组开发了一种遇水可以发生膨胀形变（150%）的亲水智能材料，利用 3D 打印技术将硬质的有机聚合物与亲水智能材料同时打印，二者固化结合构成智能结构。3D 打印成形的智能结构在遇水之后，亲水智能材料发生膨胀，带动硬质有机聚合物发生弯曲变形，当硬质有机聚合物遭遇到硬质有机聚合物的阻挡时，弯曲变形完成，智能结构达到了新的稳态形状。该课题组制备了一系列由 4D 打印技术制造的原型，如 4D 打印出的细线结构遇水之后可以变为 MIT 形状，4D 打印技术制造出的平板遇水之后可以变化为立方体盒子，如图 2-45 所示。

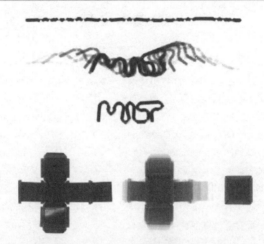

图 2-45　4D 打印技术制造出的立方体盒子

4D 打印技术及其在智能材料结构中的应用研究尚处于起步阶段。但是，其研究和发展应用将对传统机械结构设计与制造带来深远的影响。这一发展趋势体现在以下方面。

① 4D 打印智能材料，将改变过去"机械传动＋电机驱动"的模式。目前的机械结构系统主要是机械传动与驱动的传递方式，未来走向功能材料的原位驱动模式，不再受机械结构体运动的自由度约束，可以实现连续自由度和刚度可控功能，同时自身重量也会大幅度降低。

② 4D 打印技术制造驱动与传感一体化的智能材料结构，实现智能材料的驱动与传感性能融合。电致动聚合物（EAP）材料具有良好的驱动性能和传感性能，即在电场作用下可以发生形变，而且随着其变形可以输出电压电流信号。

③ 研究发展多种适用于 4D 打印技术的智能材料，对不同外界环境激励产生响应，响应变形的形式更多样化。目前 4D 打印智能材料的激励方式和变形形式比较局限，随着 4D 打印智能材料的多样化，4D 打印技术的应用将更加广泛。4D 打印技术必将拓展制造技术的应用范围，为制造技术展示出了新的发展前景，为相关学科和产业的发展提供制造技术支撑。

参考文献

[1] 史玉升, 张李超, 白宇, 等. 3D 打印技术的发展及其软件实现[J]. 中国科学: 信息科学, 2015, 45 (02): 197-203.

[2] Bing-Henga L U, Di-Chenb L I. Development of the Additive Manufacturing (3D printing) Technology[J]. Machine Building & Automation, 2013.

[3] Lu B, Li D, Tian X. Development Trends in Additive Manufacturing and 3D Printing [J]. Engineering, 2015, 1 (1): 085-089.

[4] 陈葆娟. 熔融沉积快速成形精度及工艺实验研究[D]. 大连: 大连理工大学, 2012.

[5] 金泽枫, 金杨福, 周密, 等. 基于 FDM 聚乳酸 3D 打印材料的工艺性能研究[J]. 塑料工业, 2016, 44 (2): 67-70.

[6] 赖月梅. 基于开源型 3D 打印机 (RepRap) 打印部件的机械性能研究[J]. 科技通报, 2015, 31 (8): 235-239.

[7] Pei D E. Evaluation of dimensional accuracy and material properties of the MakerBot 3D desktop printer[J]. Rapid Prototyping Journal, 2015, 21: 618-627.

[8] 赵吉斌, 蒙昊, 孙雯, 等. 基于 FDM 的并联臂的单喷头双色 3D 打印机的研究与设计[J]. 科技视界, 2016 (13).

[9] 李晓琴. 基于五轴平台 CFRP 增材制造轨迹控制方法研究 [D]. 淮南: 安徽理工大学, 2017.

[10] 舒友, 胡扬剑, 魏清茂, 等. 3D 打印条件对可降解聚乳酸力学性能的影响[J]. 中国塑料, 2015, 29 (3): 91-94.

[11] 李金华, 张建李, 姚芳萍, 等. 3D 打印精度影响因素及翘曲分析[J]. 制造业自动化, 2014 (21): 94-96.

[12] Turner B N. A review of melt extrusion additive manufacturing processes: I. Process design and modeling [M]// Process Modeling and Improvement for Business. McGraw-Hill Professional, 2014: 192-204.

[13] 王雷, 钦兰云, 佟明, 等. 快速成形制造台阶效应及误差评价方法[J]. 沈阳工业大学学报, 2008, 30 (3): 318-321.

[14] 王涛, 候巧红, 苏玉珍, 等. 熔融沉积成型制品精度的影响因素分析[J]. 科技信息, 2012 (34): 179-179.

[15] 张永, 周天瑞, 徐春晖. 熔融沉积快速成形工艺成形精度的影响因素及对策[J]. 南昌大学学报: 工科版, 2007, 29 (3): 252-255.

[16] 徐巍, 凌芳. 熔融沉积快速成形工艺的精度分析及对策[J]. 实验室研究与探索, 2009, 28 (6): 27-29.

[17] 李星云, 李众立, 李理. 熔融沉积成形工艺的精度分析与研究[J]. 制造技术与机床, 2014 (9): 152-156.

[18] 韩江, 王益康, 田晓青, 等. 熔融沉积 (FDM) 3D 打印工艺参数优化设计研究[J]. 制造技术与机床, 2016 (6): 139-142.

[19] 杨卫民, 李好义, 陈宏波, 等. 超细纤维熔体微分静电纺丝原理及设备[C]. 全国高分子学术论文报告会. 2013.

[20] 迟百宏. 聚合物熔体微分 3D 打印成形机理与实验研究[D]. 北京: 北京化工大学, 2016.

[21] Chi B, Jiao Z, Yang W. Design and

experimental study on the freeform fabrication with polymer melt droplet deposition [J]. Rapid Prototyping Journal, 2017, 23（3）.

[22] 迟百宏，马昊鹏，刘晓军，等. 3D 打印参数对 TPU 制品力学性能的影响[J]. 塑料，2017（2）：9-12.

[23] 刘丰丰，张涛，张玉蕾，等. 3D 打印桌面机制作 CNTs/PLA 复合材料制品性能分析[J]. 橡塑技术与装备，2016（16）：14-18.

[24] 刘丰丰，杨卫民，李飞，等. 工业级熔体微分 3D 打印技术制作大型工业制品[J]. 塑料，2017（2）：17-20.

[25] 沈冰夏，管宇鹏. FDM 型混色 3D 打印机的设计[J]. 北京信息科技大学学报（自然科学版），2016，31（5）：60-63.

[26] Borenstein G. Making things see: 3D vision with Kinect, Processing, Arduino, and MakerBot[M]. O'Reilly, 2012.

[27] 施建平，杨继全，王兴松. 多材料零件 3D 打印技术现状及趋势[J]. 机械设计与制造工程，2017（2）：11-17.

[28] 程凯，兰红波，邹淑亭，等. 多材料多尺度 3D 打印主动混合喷头的研究[J]. 中国科学：技术科学，2017（2）.

[29] 施建平. 基于 FDM 工艺的多材料数字化制造技术研究 [D]. 南京：南京师范大学，2013.

[30] Matusik W, et al. MultiFab: a machine vision assisted platform for multi-material 3D printing [J]. Acm Transactions on Graphics, 2015, 34（4）: 129.

[31] Voxel8 introduces the world's first 3-D electronics printer[J]. American Ceramic Society Bulletin, 2015.

[32] Burblies A, Busse M. Computer Based Porosity Design by Multi Phase Topology Optimization [J]. 2008, 973（1）: 285-290.

[33] 王子明，刘玮. 3D 打印技术及其在建筑领域的应用[J]. 混凝土世界，2015（1）: 50-57.

[34] Pegna J. Exploratory investigation of solid freeform construction[J]. Automation in Construction, 1997, 5（5）: 427-437.

[35] Khoshnevis B, Hwang D, Yao K T, et al. Mega-scale fabrication by Contour Crafting[J]. International Journal of Industrial & Systems Engineering, 2008, 1（3）.

[36] Lim S, Le T, Webster J, et al. Fabricating construction components using layer manufacturing technology[C]//2009.

[37] Cesaretti G, Dini E, Kestelier X D, et al. Building components for an outpost on the Lunar soil by means of a novel 3D printing technology [J]. Acta Astronautica, 2014, 93（1）: 430-450.

[38] Le TT, Austin S A, Lim S, et al. Hardened properties of high-performance printing concrete [J]. Cement & Concrete Research, 2012, 42（3）: 558-566.

[39] 杨孟孟，罗旭东，谢志鹏. 陶瓷 3D 打印技术综述[J]. 人工晶体学报，2017, 46（1）: 183-186.

[40] 王超. 3D 打印技术在传统陶瓷领域的应用进展[J]. 中国陶瓷，2015（12）: 6-11.

[41] Maleksaeedi S, Eng H, Wiria F E, et al. Property enhancement of 3D-printed alumina ceramics using vacuum infiltration[J]. Journal of Materials Processing Technology, 2014, 214（7）: 1301-1306.

[42] Özkol E, Ebert J, Telle R. An experimental analysis of the influence of the ink properties on the drop formation for direct thermal inkjet printing of high solid content aqueous 3Y-TZP suspensions [J]. Journal of the European Ceramic Society, 2010, 30（7）: 1669-1678.

[43] Gingter P. Functionally Graded Structures By Direct Inkjet Printing[C]//Sha-

ping. 2013.

[44] 李亚运，司云晖，熊信柏，等. 陶瓷 3D
打印技术的研究与进展[J]. 硅酸盐学报，
2017, 45（6）: 793-805.

[45] Marchelli G, Prabhakar R, Storti D, et
al. The guide to glass 3D printing: de-
velopments, methods, diagnostics and
results[J]. Rapid Prototyping Journal,
2011, 17（3）: 187-194.

[46] 佚名. 麻省理工学院研发 G3DP 高精度玻
璃 3D 打印技术[J]. 玻璃，2015（11）:
54-54.

[47] 陈妮. 3D 打印技术在食品行业的研究应
用和发展前景[J]. 农产品加工·学刊:
下，2014（8）: 57-60.

[48] 李光玲. 食品 3D 打印的发展及挑战[J]. 食
品与机械，2015（1）: 231-234.

[49] Warnke P H, Seitz H, Warnke F, et
al. Ceramic scaffolds produced by com-
puter-assisted 3D printing and sinte-
ring: characterization and biocompati-
bilityinvestigations [J]. Journal of Bio-
medical Materials Research Part B Ap-
plied Biomaterials, 2010, 93B（1）:
212-217.

[50] 筠芳. 3D 巧克力打印机问世[J]. 农产品加
工，2011（7）: 33.

[51] 叶海静. 美国研制成功三维"食物打印
机"[J]. 食品开发，2011（1）: 75.

[52] 井乐刚，沈丽君. 3D 打印技术在食品工
业中的应用[J]. 生物学教学，2016, 41
（2）: 6-8.

[53] 贺超良，汤朝晖，田华雨，等. 3D 打印技
术制备生物医用高分子材料的研究进展
[J]. 高分子学报，2013, 52（6）: 722-732.

[54] 石静，钟玉敏. 组织工程中 3D 生物打印

技术的应用[J]. 中国组织工程研究，
2014, 18（2）: 271-276.

[55] 徐弢. 3D 打印技术在生物医学领域的应
用[J]. 中华神经创伤外科电子杂志，2015
（1）: 57-8.

[56] Miller J S, Stevens K R, Yang M T, et
al. Rapid casting of patterned vascular
networks for perfusable engineered three-
dimensional tissue[J]. Nat Mater, 2012,
11（9）: 768-74.

[57] Engelhardt S, Hoch E, Borchers K, et
al. Fabrication of 2D protein microstruc-
tures and 3D polymer-protein hybrid mi-
crostructures by two-photon polymeri-
zation[J]. Biofabrication, 2011, 3（2）:
025003.

[58] Zhiwei Jiao, Bin Luo, Shengyi Xiang,
et al. 3D printing of HA/PCL composite
tissue engineering scaffolds[J]. 2019:
196-202.

[59] 王锦阳，黄文华. 生物 3D 打印的研究进
展[J]. 分子影像学杂志，2016, 39（1）:
44-46.

[60] 李涤尘，刘佳煜，王延杰，等. 4D 打印-
智能材料的增材制造技术[J]. 机电工程技
术，2014（5）: 1-9.

[61] Tibbits S. 4D Printing: Multi-Material
Shape Change[J]. Architectural Design,
2014, 84（1）: 116-121.

[62] 邓甲昊，王萱. 4D 打印一项左右未来世
界产业发展的革命性技术突破[J]. 科技导
报，2013, 31（31）: 11-11.

[63] 康刘阳，徐飞宁，朱灿一，等. 浅谈 3D
打印与 4D 打印技术[J]. 装备制造技术，
2016（5）: 101-102.

第3章

光固化成形技术

光固化成形（vat photopolymerization）技术是指单体、低聚体或聚合体基质在光诱导下，固化形成固定形状的成形方法。发生的化学反应被称为光聚合反应，反应原料包括光引发剂、添加剂和反应单体/低聚物等，在受到特定光照后反应将单体连接成链状聚合物。大多数光聚合物是在紫外光（Ultraviolet，UV）范围内可固化的。

光固化成形是快速成形技术中精度最高的成形方法，它具有制作效率高、材料利用率接近 100% 的优点，能成形形状复杂（如空心零件）、精细的零件（如首饰、工艺品等）。正是由于光固化成形的一系列优点和用途，自 20 世纪 80 年代问世以来，得到迅速发展，成为目前世界上研究最深入、技术最成熟、应用最广泛的一种快速成形方法。

根据加工方式的不同，光固化成形主要包括立体光刻技术（stereo lithography apparatus，SLA）和数字光投影技术（digital light processing，DLP）两种。之后，随着技术的发展又衍生出来了连续液体界面提取技术（continuous liquid interface production，CLIP）、液晶固化成像打印技术（liquid crystal display，LCD）等。光固化成形技术是多学科交叉和多项技术的高度集成，所以其整体性能的发展依赖于各种单元技术的发展。该技术可分为硬件、软件、材料和成形工艺四大组成部分，各部分的发展既相互促进，又相互制约。硬件部分包括光的控制、投影；高精度、高可靠性、高效率的树脂再涂层系统。材料方面包括树脂各项性能研究，如固化速度、固化收缩率、黏度、力学性能等，还要考虑树脂的易储藏、无毒无味等要求。软件主要是指数据处理的精确性和快捷性，整个成形过程的控制以及面向用户的易操作性。成形工艺是光固化成形过程中的关键技术，零件的精度和成形效率主要取决于成形工艺。

3.1　光固化成形原理

光固化成形是一个通用术语，包括立体光刻技术（SLA）、数字光投影（DPL）以及后来发展的连续液体界面提取技术（CLIP）和液晶固化成像打印技术（LCD）等。立体光刻技术（SLA）和数字光投影（DLP）通常被认为是 3D 打印技术中能够实现部件最高的复杂性和精度的技术。两者都依赖光来成形。用以固化光敏树脂的光通常在光谱的 UV 区域（波长 380～405nm）。

这种树脂通常由环氧树脂或丙烯酸和甲基丙烯酸单体组成，当暴露在光线下时会聚合硬化。当有特定形状或图案的光照射在液态树脂上时，树脂会固化成该形状，并且可以从未固化的液态树脂中取出。

3.1.1 立体光刻技术

立体光刻技术基于液态光敏树脂的光固化原理，利用紫外激光使树脂体系中的光敏物质发生光化学反应，产生具有引发活性的碎片，引发体系中的预聚体和单体发生聚合及交联反应，快速得到固态制品。由于紫外激光照射处液态树脂反应固化，因此使用计算机控制激光照射路径即可控制成形体形状。

立体光刻技术的原理如图 3-1 所示，在计算机控制下的紫外激光束，以计算机模型的各分层截面为路径逐点扫描，激光扫描区内的光敏树脂薄层将产生光聚合或光交联反应而固化。当一层固化完成后，在垂直方向移动工作台，使先前固化的树脂表面覆盖一层新的液态树脂，再逐层扫描、固化，最终获得三维原型。该技术优点是精度高、表面质量好，可以加工结构外形复杂或使用传统手段难于成形的原型和模具。

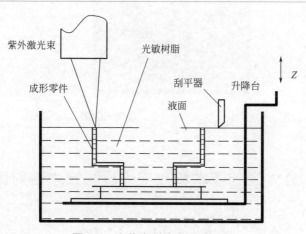

图 3-1 立体光刻技术原理示意

3.1.2 数字光投影技术

数字光投影技术是另一种光固化快速成形技术。与立体光刻技术相似，数字光投影也使用光敏树脂作为固化材料，当紫外激光照射时，树脂体系将发生交联聚合反应而固化。

两者的不同点在于数字光投影技术不再使用点光源进行路径点扫描，而是使用的数字微镜器件（digital micromirror device）来生成紫外光的投影，在液态光敏树脂表面投射所需图形轮廓，进行光固化反应。数字光投影原理如图 3-2 所示。

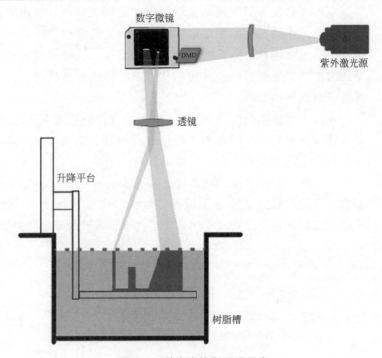

图 3-2 数字光投影原理示意

3.1.3 立体光刻技术和数字光投影技术的对比

（1）共同点

立体光刻技术和数字光投影技术的基本成形模式相同，它们使用的树脂非常相似。两者都需要可光降解的引发剂（或混合物），其在与光相互作用时形成反应活性高的基团或分子（自由基、阳离子或类卡宾化合物）。这些基团或分子反过来将激活单体和低聚物分子的光聚合过程。

然而，立体光刻技术和数字光投影技术所使用的树脂不一定是可互换的。在两种打印方式之间传递的功率密度通常差一到两个数量级，所使用的树脂也不太相同。

尽管如此，在这两种方案中，无论是立体光刻技术还是数字光投影技术，树脂聚合单体分子的大小都将会决定物体的刚度。在树脂中，短链单体经过光固化后通常硬度较高，而长链单体则柔韧性更强。

在比较3D打印和注塑成形时通常讨论的主题之一是力学性能的差异。与注塑生产的部件不同，通过熔融沉积成形技术打印的部件具有力学性能各向异性。也就是说，当在与层平行或正交的方向施加载荷时，它们显示出不同的力学性能。然而，与熔融沉积成形技术不同，使用立体光刻技术和数字光投影技术生产的打印件的力学性能都不具有广泛的各向异性，其力学性能更像注塑件。

（2）不同点

① 成形尺寸和精度　图3-3所示为立体光刻技术和数字光投影技术打印成品的差别。对于成形精度来说。在z轴（上下运动方向）上，立体光刻技术和数字光投影技术都是依靠机械方式传动，理论上精度差距不大。差别主要是在x轴、y轴的精度上。一方面，由于立体光刻技术采用x轴和y轴方向上的扫描镜来驱动激光光线的运动，数字光投影技术采用扇形投影光，存在光线的散射现象；另一方面，数字光投影技术

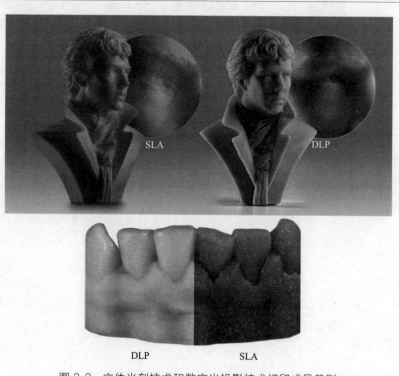

图3-3　立体光刻技术和数字光投影技术打印成品差别

的精度很大程度上取决于数字微镜的像素分辨率，故难以达到立体光刻技术的精度。另外，由于数字光投影技术成形精度跟数字微镜的像素分辨率完全相关，当成形尺寸变大时，其像素密度降低，成形精度变差，这也限制了数字光投影技术的大型化。数字光投影技术的大型化也面临这个问题，由于激光光线角度由 x-y 扫描镜来控制，其步进角难以获得高精度高稳定性的控制，故也限制了数字光投影技术的大型化。

　　由于模型由 3D 打印一层一层叠加而成，因此 3D 打印成品通常具有可见的水平图层线。对于数字光投影技术 3D 打印机，由于其使用矩形像素照射图像，所以还存在垂直线的效果，如图 3-4 所示。外表的层线和垂直线需要进行后处理去除，例如打磨或抛光。

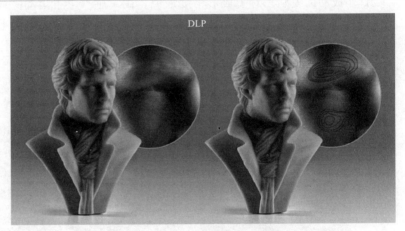

图 3-4　数字光投影技术打印层线与垂直线效果对比

　　② 成形速度　速度是立体光刻技术和数字光投影技术最大的区别之一。两者树脂固化聚合的面积不一样，数字光投影技术成形采用面扫描的方式，而立体光刻技术采用点扫描的方式，两者的最小分辨率体积 V_r 基于最小特征区域和最小层厚度：

$$V_r = \frac{\pi d r^2 l_1}{4} \tag{3-1}$$

式中，d 是液滴的直径；r 是正方形打印区域的边长；l_1 是层厚度。

　　模型打印速度 v 表示为单位时间打印出的一个维度的尺寸，如下：

$$v = \frac{l_1}{t_{\text{image}} + t_{\text{reset}}} \tag{3-2}$$

式中，l_1 是层厚度；t_{image} 是每层图像打印时间；t_{reset} 是该层其他时

间的总和，由计算机切片时间加上所有支撑材料打印时间之和除以层数计算得到。

每层的图像打印时间 t_{image} 由树脂性能、照明功率 P、层面积 A_1 和特定成像方法参数 W_i' 确定。对于采用数字光投影技术的光固化反应，有：

$$t_{image} = \frac{W_i' A_1}{P} \qquad (3-3)$$

因此，采用数字光投影技术的打印速度为：

$$v = \frac{l_1}{\dfrac{W_i' A_1}{P} + t_{reset}} \qquad (3-4)$$

对于使用立体光刻技术的光固化反应，有：

$$t_{image} = \frac{W_i' A_1 l A_{spot} s^2}{P} \qquad (3-5)$$

式中，W_i' 是单位面积树脂固化所需能量；l 是平均层厚度；A_{spot} 是激光用于固化树脂的最小点面积；s 是两个相邻的点中心之间的距离。因此，立体光刻技术的速度表示为：

$$v = \frac{l_1}{\left(\dfrac{W_i' A_1 l A_{spot} s^2}{P} + t_{reset} \right)} \qquad (3-6)$$

数字光投影技术的成形速度大大高于立体光刻技术的成形速度。为了缓解立体光刻技术这一缺点，立体光刻技术3D打印机激光扫描至打印件的填充区域时，打印速度比在外壳中快。数字光投影技术的优点是它允许一次固化整个一层。在模型外部轮廓和内部区域之间没有成形区别，通常不用进行后处理。

③ 可靠性 对于使用光固化技术来生产工业制品的行业来说，系统的可靠性和打印部件的一致性是一个重要因素。与立体光刻技术3D打印机相比，数字光投影技术3D打印机打印过程中通常可移动的部件更少。因此，数字光投影技术打印机故障率会比立体光刻技术3D打印机更低，并且制品的质量水平也会更加稳定。当然，光固化3D打印机都是较为精密复杂的设备，包含大量的电子元件和光学元件。如果设计、组装或使用不当，都会使其稳定性下降。

④ 订购与维护成本 由于立体光刻技术打印机具有更复杂的结构，如果激光器或者任何光学器件发生故障，则需要进行维修和校准，并且通常这只能由专业技术人员来完成。数字光投影技术打印的优势在于它

的组件更加简单。如果任何部件包括光源失效，更容易找到可替换的部件。因此，对于普通消费者来说，数字光投影技术打印机通常比立体光刻技术打印机更为实用。

3.2　光敏树脂

光敏树脂属于辐射固化树脂。辐射固化包含电子束（electron beam，EB）固化和紫外光固化。紫外固化又根据光源的不同分为高压汞灯源和激光光源。目前常用的是激光光源。由于辐射固化树脂是近百分之百的固含量，几乎不含挥发性的溶剂和稀释剂，不带有环境污染，被称为绿色化学。因而近年来辐射固化发展十分迅速，在许多领域获得广泛应用，并取得了可观经济效益和重大的社会效益。如光固化涂料、光固化胶黏剂、光固化油墨、阻焊油墨以及印刷行业的排版制版等。

3.2.1　光敏树脂性能要求

光敏树脂在光固化前类似于涂料，在光固化后类似于工程材料，因此它的性能要求也比较特殊。一般来说主要有以下几个方面：光敏性能的要求；固化前树脂黏度的要求；固化后精度的要求；固化后制件力学性能的要求。因此这就使得用于该系统的光敏树脂必须满足以下条件。

① 固化前性能稳定　可见光照射不易发生化学反应。

② 固化速度高　对紫外光有快的光响应速率，对光强要求不高。

③ 固化体积收缩率低　消除或降低内应力和翘曲变形，提高制造精度。

④ 黏度小　光固化成形由一层层叠加而成，每完成一层，低黏度可以使得树脂自动覆盖已固化的固态树脂表面。

⑤ 透射深度适宜　光固化树脂必须有合适的透射深度。

⑥ 溶胀小　打印过程中，固化产物浸润在液态树脂中，溶胀将会使模具产生明显变形。

⑦ 储存稳定性　光固化树脂通常是一次性加入液态树脂槽中，随着使用消耗，不断补加，因此要求各项性能应基本保持不变。

⑧ 毒性小　未来的快速成形可以在办公室中完成，因此对单体或预聚物的毒性和对大气的污染有严格要求。

⑨ 半成品强度高　以保证后固化过程不发生形变、膨胀、出现气泡

及层分离等。

⑩ 固化后的制件机械强度高　较高的断裂强度、抗冲击强度、硬度和韧性，耐化学试剂，易于洗涤和干燥，并具有良好的热稳定性等。

以上有很多性能是相互矛盾的。如高固化速度与高储存稳定性、低黏度与低固化体积收缩率等。因此，研制出高性能的光固化树脂对光固化成形的发展至关重要。

3.2.2　影响光敏树脂性能的因素

针对上面提出的一些要求，影响光敏树脂性能的主要因素有黏度、光敏性、零件误差、力学性能和冲击性能等。

（1）黏度

树脂的黏度随着低聚物含量的增加而明显增加，随稀释剂含量的增加而迅速减小。固化交联剂的加入对体系黏度的降低也有贡献，但是效果不太明显。低聚物含量降低同时会影响其他性能，尤其是力学性能，稀释剂含量过大也会使制品脆性增大，所以在考虑它们对黏度影响的同时还要考虑对综合性能的影响。

（2）光敏性

树脂的光敏性是表征光固化特性的重要指标。光敏树脂的光聚合反应发生及进行程度，与体系中是否含有引发剂及含有的量的多少密切相关。当感光体系中没有光引发剂时，即使受紫外光辐射，光交联反应也很难发生。当加入引发剂后，一经紫外灯照射，体系中便有自由基产生，从而引发聚合反应的进行。

（3）零件误差

树脂的体积收缩率会直接影响快速成形的精度。但是树脂的固化过程中，由于树脂从液态转变为固态，分子间距离转化为共价键距离，杂乱无章的液态分子规整性增加，体积会缩小。

（4）力学性能

光固化树脂在固化成形后属于工程材料，其力学性能较为重要。增加低聚物含量对拉伸性能和冲击性能的提升都有帮助。这主要是因为低聚物是固化后制品结构的主要组成部分，其力学性能也主要由低聚物来赋予。稀释剂含量增加使冲击性能下降，这是因为其增加了体系中的物理交联点，在固化时形成更多的网状结构，但用量大于30％后会使拉伸强度明显下降。

（5）冲击性能

树脂的力学性能主要是由低聚物来赋予，所以提高其冲击性能也要从低聚物的结构上来考虑。添加一些带有柔性基团的增塑剂可能也会对提高冲击性能有帮助。目前，树脂最需要改善的性能就是抗冲击性能，加入增韧剂改善了其冲击性能，虽然在拉伸性能和光固化速度上有所损失，但综合性能上得到了增强，达到了预期的目的。

3.2.3　常见光敏树脂

（1）环氧丙烯酸酯

环氧丙烯酸酯污染少、固化膜硬度高、能耗低、体积收缩率小、化学稳定性好，但其黏度高导致施工困难，且固化时需要加入大量稀释剂，会影响产品性能。因此，可将环氧树脂进行开环反应引入柔性基团或柔性链段，再用丙烯酸酯化得到改进型环氧丙烯酸酯，可显著提高树脂的流动性和柔韧性。由于制备环氧丙烯酸酯的反应温度较高，为防止丙烯酸自聚合影响光固化过程，需要加入阻聚剂。此外，该反应必须加催化剂，目的是选择性地使羟基与环氧基发生反应，常采用叔胺或季铵盐类（如四丁基溴化铵）作催化剂。

（2）不饱和聚酯

不饱和聚酯是由不饱和二元酸或酸酐与二元醇在催化剂作用下发生缩聚合反应制得的。不饱和聚酯主链上的不饱和双键可与乙烯基单体共聚合成互穿网络，经紫外光照射后形成坚硬涂膜。但不饱和聚酯的活性剂常用苯乙烯，光固化基是乙烯基双键，反应活性低，氧气对自由基聚合有阻聚作用，光固化速率慢，固化不完全，硬度低，柔韧性差，固化时体积收缩率大，附着性差。

不饱和聚酯的力学性能、电性能好，常温下黏度适宜易固化成形，刚性好，且其原料易得，价格低廉。但不饱和聚酯固化后抗冲击性能差，硬度低，易收缩。用乙酸酐封端的不饱和聚酯与交联聚氨酯预聚物制备成具有互穿网络的聚合物。当不饱和聚酯与聚氨酯物质的量比为 1：4时，网络互穿效应最强，可以显著提高不饱和聚酯的抗冲击性能。在不饱和聚酯中加入聚苯乙烯、聚乙酸乙烯酯等热塑性树脂形成低收缩剂，使不饱和聚酯固化后形成孔隙结构或微裂纹结构来弥补固化收缩量。

（3）聚酯丙烯酸酯

聚酯丙烯酸酯是由不饱和聚酯与丙烯酸制得的，合成方法包括：丙烯酸、二元酸与二元醇一步酯化；二元酸与二元醇先合成聚酯二醇，再与丙烯酸酯化；二元酸先与环氧乙烷加成，再与丙烯酸酯化。

聚酯丙烯酸酯价格低廉，黏度低，既可作预聚物，又可作为活性稀释单体，有较好的柔韧性和材料润湿性，但其光固化速率慢，固化膜硬度低，耐碱性差。松香与丙烯酸的加成产物——丙烯海松酸具有稠合多脂环结构，刚性较大，将其引入聚酯丙烯酸酯分子结构中，可以提高聚酯丙烯酸酯涂膜光泽度、硬度及耐热性能。

3.3 光聚合反应

光固化快速成形是利用液态光敏树脂（光聚合物）在特定波长紫外光照射下发生光聚合反应快速固化这一特性发展起来的。光聚合是指化合物因吸收光而引起分子量增加的任何过程，其中也包括大分子进一步的光交联。

在光固化快速成形工艺中，使用比能 W^* 描述光敏树脂的光敏性能，是固化单位光聚合物树脂所需的辐射能量。

$$W^* = \frac{W_c'}{l_c}\exp\left(\frac{l_c}{l_p}\right) \tag{3-7}$$

式中，W_c' 是光聚合物树脂从液相转变为固相的固化暴露阈值，固化暴露阈值是光聚合树脂从液相转变为固相时固化暴露所需的能量阈值；l_c 是聚合物固化的深度；l_p 是渗透深度。

迄今为止，人们所发现的光聚合除光缩聚反应外，就其本质而言，都是链反应机理，即由活性种（自由基或离子）引发的过程。目前在光固化快速成形中主要有两种反应机理：自由基聚合和阳离子聚合。

3.3.1 自由基聚合

单体分子借光的引发活化成为自由基，当光聚单体分子与一个引发剂自由基或离子结合时，活性状态就转移到单体分子上，触发链反应，随着链反应的进行，一个一个的单体分子迅速结合起来，其速度达每秒 2000～20000 个单体分子。反应结束后，固化成具有三维网状结构的固体高分子，具体而言，分为光引发、链增长、链终止三个阶段。

（1）光引发

某些单体吸收一定波长的光（通常是紫外光）会产生自由基，表 3-1 列出了若干单体转变为自由基时所吸收的相应光波波长。靠单体直接引发的效率较低，采用光引发剂可以大大提高效率。引发剂引发由两步组成，第一步是光引发剂（I）吸收一定波长的光子后，分解形成初级自由基（R·）

$$I + h\upsilon \longrightarrow 2R\cdot$$

式中，h 是普朗克常数，其值为 $6.626 \times 10^{-34} J\cdot s$；$\upsilon$ 是光子的频率。

第二步，初级自由基和单体加成，形成单体自由基：

$$R\cdot + CH_2 = CH - X \longrightarrow R - CH_2 - XCH\cdot$$

表 3-1　若干单体转变为自由基时吸收的光波波长

单体	吸收光波波长/nm
丁二烯	253.7
氯乙烯	280
醋酸乙烯酯	300
苯乙烯	250
甲基丙烯酸甲酯	220

（2）链增长

链增长就是链引发所产生的自由基和单体分子迅速重复加成，形成大分子自由基的过程，可用以下反应式表示：

$$R - CH_2 - XCH\cdot + nCH_2 = XCH \longrightarrow R - CH_2 - (XCH - CH_2)_n - XCH\cdot$$

（3）链终止

所谓链终止就是增长链自由基相遇，活性消失，形成无活性的稳定大分子的过程。自由基有强烈的相互作用的倾向，链自由基的浓度不断增大，链自由基相遇的机会就增多，相遇后发生终止反应，终止方式有结合终止和歧化终止，用通式表示：

$$R - CH_2 - (XCH - CH_2)_n - XCH\cdot + \cdot XCH - (CH_2 - XCH)_m - CH_2 - R \longrightarrow$$
$$R - CH_2 - (XCH - CH_2)_n - XCH - XCH - (CH_2 - XCH)_m - CH_2 - R$$

该反应生成的大分子链无反应活性，应终止。

链增长和链终止是一对竞争反应，随着自由基浓度的增大，终止反应逐渐占优势，最终导致反应终止。

光聚合反应所需的活化能低，易于进行低温聚合。一般光固化快速成形的温度范围是 30~40℃，即室温或略高于室温。光聚合反应是吸收一个光子导致大量单体分子聚合为大分子的过程，从这个意义上讲，光聚合是一种量子效率很高的光反应，因此，光固化成形采用的激光器能

量只有 100mW 左右，而激光烧结 3D 打印技术中的激光器能量是它的
1000 余倍。

另外，自由基聚合有氧气阻聚作用，而阳离子聚合则没有这一缺陷。

3.3.2　阳离子聚合

阳离子聚合反应是指由活性阳离子所引发的光聚合反应，它由链引
发、链增长、链终止、链转移等基元反应组成。其适用的单体比自由基
光引发聚合更多，而且阳离子型光聚合反应不会被氧气阻聚，在空气中
即可获得快速而完全的聚合，这在工业中是个重要的优点，而且其固化
物具有良好的力学性能。但与自由基聚合反应相比，阳离子聚合固化速
度比较慢，而且受湿气影响。

阳离子型聚合反应有两类：光引发阳离子双键聚合和光引发阳离子
开环聚合，前者常见于乙烯基不饱和单体进行的聚合（典型代表为乙烯
基醚），后者指光引发具有环张力单体的阳离子聚合反应（典型代表为环
氧化物）。乙烯基醚和环氧化物结构如图 3-5 所示。

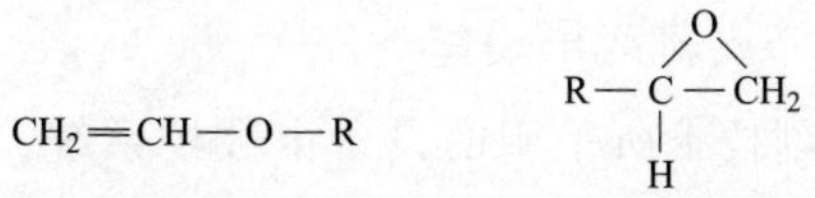

$$CH_2=CH-O-R \qquad\qquad R-\overset{\displaystyle O}{\underset{\underset{\textstyle H}{|}}{C}}-CH_2$$

乙烯基醚　　　　　　　　　　　环氧化物

图 3-5　乙烯基醚和环氧化物结构

3.4　光固化成形工艺

本节着重介绍立体光刻技术和数字光投影技术。由于连续液体界面
提取技术和液晶固化成像成形技术等正处在进一步研发和初步应用阶段，
因此仅作简单介绍。

3.4.1　立体光刻技术

立体光刻技术是最早的 3D 打印成形技术，也是目前较为成熟的 3D
打印技术。1986 年，美国人 Charles Hull 发明了第一台基于立体光刻技
术的 3D 打印机，并成立了 3DSystems 公司，其后许多关于快速成形的

概念和技术迅速发展。

在立体光刻技术中，合适的液态光敏树脂是该项技术的重要组成部分，同时也决定了成形物的各项性能。用于立体光刻技术的光敏树脂的基础化学组成与传统的紫外光固化物质一样，主要由可光固化的预聚物、活性稀释剂、光引发剂及辅助材料组成。早期用于立体光刻技术光敏树脂体系中主要的预聚物及稀释剂以丙烯酸酯类物质为主，采用自由基型光引发剂固化体系。这种体系的树脂在用激光打印时固化速度快，但材料在光固化时收缩率大，成形后的器件变形严重，成形物的力学性能和耐温性也不好，实际用途小。因此，现在的立体光刻技术光敏树脂采用的是以丙烯酸酯和环氧化合物为主体的混合物，自由基和阳离子光引发剂双重引发的物质体系。

另一方面，绿色环保是当前社会发展的重要课题。虽然光固化技术的优势是无或低的碳排放，被誉为绿色化学，但是在光敏树脂配方中经常会用到有毒有害的化合物，如含锑化合物、碘鎓盐等。这些物质的添加，影响了三维快速成形技术在医学、生物及食品等领域中的应用。同时，废料的排放也会对环境起到毒害作用。所以研发新型无毒光引发体系及绿色环保的光敏树脂越来越被人重视，已成为一个必然的发展趋势。

（1）立体光刻成形设备

立体光刻技术所采用的设备由数控系统、控制软件、光学系统、树脂容器以及固化装置等部分组成。

① 数控系统与控制软件　数控系统与控制软件主要由数据处理计算机、控制计算机以及 CAD 接口软件和控制软件组成。数据处理计算机主要是对 CAD 模型进行离散化处理，使之变成适合于光固化快速成形的文件格式（STL 格式），然后对模型定向切片。控制计算机主要用于 X-Y 扫描系统、Z 向工作平台上下移动和涂覆系统的控制。CAD 接口软件包括确定 CAD 数据模型的通信格式、设定过程参数等。控制软件用于对激光器光束反射镜扫描驱动器、X-Y 扫描系统等的控制。

② 光学系统　光学系统包括紫外激光器和激光束扫描装置。紫外激光器有氦-镉（He-Cd）激光器、氩（Ar）激光器等。氦-镉（He-Cd）激光器输出波长为 325nm，输出功率为 15～50mW；氩（Ar）激光器输出波长为 351～365nm，输出功率为 100～500mW。目前光固化快速成形机普遍使用固体激光器 Nd：YOV4，其输出波长稳定为 266nm，输出功率较大且可调。光固化快速成形机激光束的光斑直径为 0.05～3mm，激光的位移精度可达 0.008mm。激光光束扫描装置有两种形式：一种是电流计驱动的扫描镜方式，最高扫描速度 25m/s，适于制造小尺寸的高精度

原型件；另一种为 X-Y 绘图仪方式，激光束在整个扫描过程与树脂表面垂直，适于制造大尺寸的高精度原型件。

③ 树脂容器 树脂容器用于盛装光敏树脂，它的尺寸决定了光固化快速成形系统所能制造原型的最大尺寸。

④ 固化装置 固化装置包括升降平台、涂覆装置等。升降平台由步进电机控制；涂覆装置主要是使液态光敏树脂迅速均匀地覆盖在已固化层表面，保持每一层固化厚度的一致性，从而提高原型的制造精度。

立体光刻技术成形系统的结构如图 3-6 所示。

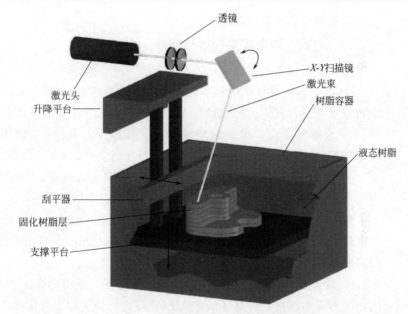

图 3-6 立体光刻技术成形系统结构示意

(2) 立体光刻技术成形过程

借助 CAD 进行原型设计的三维几何造型，产生数据文件并处理成面化模型。将模型内外表面用小三角平面化离散化，再用等距离或不等距离的处理方法剖切模型，形成从底部到顶部一系列相互平行的水平截面片层。利用扫描线算法对每个截面片层产生包括截面轮廓路径和内部扫描路径两方面的最佳捷径，同时在成形系统上对模型定位，设计支撑结构。切片信息及生成的路径信息作为控制成形机的命令文件，并编出各个层面的数控指令送入成形机，至此完成立体光刻成形的前处理过程，开始立体光刻成形。

在平台表面覆盖一层新的液态树脂，光线在 X-Y 扫描镜的驱动下进行横纵向的扫描，光线经过的地方树脂发生固化；第一层固化完成后，覆盖一层新的液态树脂，导轨带动刮板刮平液态树脂表面，光源再进行横纵向的扫描。新形成的固化树脂层与它下面一层的固化树脂层牢固地黏结在一起，如此重复直到成形完毕。此时，工作台上升至液面以上，从工作台上取下成形工件，用溶剂清洗黏附的聚合物。激光固化成形后的工件，其树脂的固化程度只有大约 95%，为了使工件完全凝固，需对原型（即工件）进行后固化处理，将原型放在紫外灯中用紫外线泛光，一般后固化时间不少于 30min。固化后再对成形工件进行打磨、着色等处理，最终得到成形制品。

（3）立体光刻技术的优势与局限

立体光刻技术的优点在于：

① 可成形任意复杂形状零件，包括中空类零件，零件的复杂程度与制造成本无关，且零件形状越复杂，越能体现出立体光刻技术的优势；

② 成形精度高，可成形精细结构，如厚度在 0.5mm 以下的薄壁、小窄缝等细微的结构，成形体的表面质量光滑良好；

③ 成形过程高度自动化，基本上可以做到无人值守，不需要高水平操作人员；

④ 成形效率高，例如成形一个尺寸为 130mm×130mm×30mm 的叶轮零件仅需要 4h，成形一个尺寸为 240mm×240mm×300mm 的叶轮零件需要 12h；

⑤ 成形无需刀具、夹具、工装等生产准备，不需要高水平的技术工人，成形件强度高，可达 40~50MPa，可进行切削加工和拼接。

立体光刻技术适用于成形中、小件，能直接得到类似塑料的产品，但是其缺点在于：

① 成形过程中有化学和物理变化，所以制件较易翘曲，尺寸精度不易保证，往往需要进行反复补偿、修正；

② 由于需要对整个截面进行扫描固化，因此成形时间较长；

③ 在成形过程中，未被激光束照射的部分材料仍为液态，它不能使制件截面上的孤立轮廓和悬臂轮廓定位，因此需设计一些柱状或筋状支撑结构；

④ 产生紫外激光的激光管寿命仅 20000h 左右，价格昂贵，不过目前新型 UV-LED 已经被开发出来，用于取代激光管。

3.4.2 数字光投影技术

数字光投影技术就是利用切片软件将物体的三维模型切成薄片，将三维物体转化到二维层面上，然后利用数字面光源照射使光敏树脂一层一层固化，最后层层叠加得到实体材料。

（1）数字光投影成形设备

从功能上说，数字光投影成形系统可分为四个模块，分别是机械模块、控制模块、图像处理模块和光学模块。机械模块的功能是为整个系统提供固定和支撑，使其他各系统能够正常工作。数字光投影成形系统的结构如图 3-7 所示。

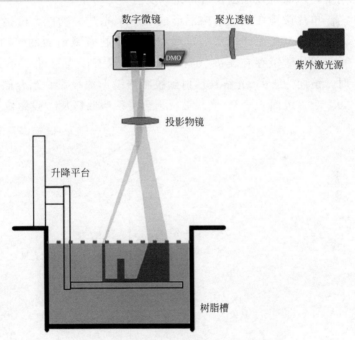

数字微镜　　聚光透镜

DMO

紫外激光源

投影物镜

升降平台

树脂槽

图 3-7　数字光投影成形系统的结构示意

图像处理模块的功能是将工件从三维模型转换为二维的轮廓图形，这一过程由 PC 机通过软件完成工业规划和参数设置。通常，是将三维模型转换为通用的 STL 格式，再通过切片软件得到每一层的二维轮廓图形。

光学模块一般由聚光系统、数字微镜和投影物镜三部分组成。聚光系统提供了均匀的照明光束。数字微镜是光学模块的核心，通过控制系统发送的图像信号，生成所需的图形轮廓。投影物镜将生成的图像轮廓投射出去。

与立体光刻技术相比，数字光投影技术采用的是面光源，即光照的投影。下面主要介绍一下用于控制光路的数字微镜技术。

数字微镜是微电子机械学科代表产品之一，由美国德州仪器公司发明，主要用于数字光投影（digital light processing，DLP）显示技术，是世界上最精密的光学开关之一。到目前为止，已经开发出大量不同的尺寸和型号，但其基本原理相同，都是由上百万个微镜片聚集在 CMOS 硅基片上组合而成的。单片微镜由四层结构组成，最上层为铝制的微镜片，有着良好的光反射率，下面是一个精密微型偏转铰链。微型偏转铰链可以由下层存储器单元的状态来控制，在对角线方向上调节镜片的方向和角度，从而可以控制是否将光源反射到屏幕上。

单片微镜在上述结构下形成了一个光开关功能，微镜本身与存储单元之间的电压差产生了静电吸引，可控制微镜镜面的转动。如图 3-8 所示，单片微镜存在 $+\theta$、$0°$ 和 $-\theta$ 三种状态，当存储器单元状态为 "1" 时，镜面为 $+\theta$，光线被反射到投影透镜形成投影；当存储器单元状态为 "0" 时，镜面为 $-\theta$，光线被反射到光线吸收区域，投影位置是黑暗的。

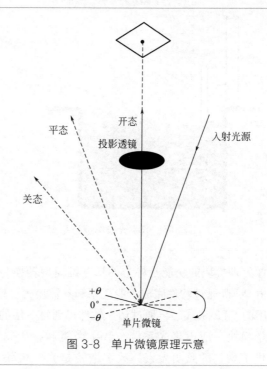

图 3-8　单片微镜原理示意

数字微镜在光开关的控制频率上，可高达每秒 1000 多次，通过脉宽调制，可以控制该像素的灰度，数字微镜拥有 1000 多个灰度梯度。

综上，数字微镜中每个微镜可以在色彩和灰度上精确控制一个像素，通过对数百万个镜片角度的调整，即可控制显示整个投影的图形。

（2）数字光投影的优势与局限

数字光投影技术有着其他光固化成形技术无法比拟的优点：

① 由于数字微镜的光路几乎不吸收能量，故发热低，可以使用较强的光源，有着很高的光效率、高亮度和高对比度，而且延长了使用寿命；

② 数字微镜的制造工艺水平取决于半导体的制造水平，所以数字微镜可以达到很高的精度，因此数字光投影拥有很高的清晰度；

③ 数字光投影成形系统是全数字控制的，能精确还原原始彩色图像，显示的失真度低，图像质量稳定；

④ 数字光投影显示系统的体积小，稳定性高，可以长时间工作。

虽然数字光投影技术有很多的优点，但是由于数字光投影技术采用像素化投影，打印尺寸受数字光投影仪的制约，因此成形尺寸有限。

3.4.3 连续液体界面提取技术

前面介绍的两种光固化成形方法是利用液态树脂层层构筑物体结构，即先打印一层，矫正外形，再灌入树脂，再重复之前的步骤，打印速度和精度不可兼得。2015 年，Carbon3D 公司的 Tumbleston 等研究人员在 *Science* 杂志上发表了一项具有颠覆性的 3D 打印技术——CLIP 技术，即"连续液体界面提取技术"，它可以实现快速连续的光敏树脂成形制造。

连续液体界面提取技术的工作原理如图 3-9 所示，在光敏树脂槽底部有一个可以通过紫外线和氧气的窗口。其中，紫外线可以使树脂聚合固化，而氧气可以起阻聚作用，这两者的共同作用使得靠近窗口部分的树脂聚合缓慢但仍呈液态，这一区域称为"死区"。"死区"上方树脂在紫外线作用下固化，已成形的物体被工作台拖动上移，同时，树脂在其基层上连续固化，直到打印完成为止。连续液体界面提取技术在提高精度的同时，打印速度也得到极大提升。

加拿大 3D 打印机制造商 NewPro3D 开发了 ILI（intelligent liquid interface）3D 打印技术，其与 CLIP 相似，但速度比后者还要快 30%。这项技术目前已经得到了应用，可以在不到 45min 的时间内"打印"一名患者的完整原尺寸颅骨模型，比原有技术快约 200 倍。

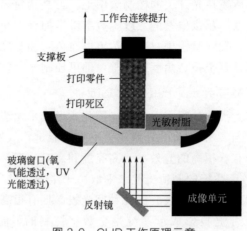

图 3-9 CLIP 工作原理示意

3.4.4 液晶固化成像成形技术

与连续液体界面提取技术相比，液晶固化成像成形技术使用了 LCD 液晶屏来代替数字微镜（digital micromirror device，DMD）作为光源，利用 LCD 液晶屏发光来对不同区域进行选择性光固化。光源发射出紫外光，透过聚光透镜和菲涅尔透镜后，由 LCD 液晶屏控制光路选择性透过，紫外光透过 LCD 液晶屏图像透明区，照射在光固化树脂上固化树脂。由于光源在一侧，树脂在另一侧，整个打印层可以同时曝光。液晶固化成像成形技术工作原理如图 3-10 所示。

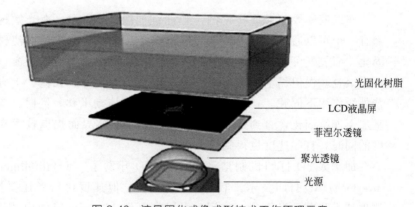

图 3-10 液晶固化成像成形技术工作原理示意

液晶固化成像成形技术是面成形光源，打印速度比立体光刻技术快。精度小于 $100\mu m$，优于第一代立体光刻技术，可以和目前的桌面级数字光投影成形技术媲美。此外，相比于其他光固化成形技术，该技术性价比较高，结构简单，容易组装和维修。所有 DLP 类的树脂或者大部分光固化树脂理论上都可以兼容。

由于 LCD 技术使用液晶屏来控制光源，相比于使用数字微镜的 DLP 技术，光通量有限，需要更长的曝光时间。为了弥补这种较低的曝光量，液晶显示（liquid crystal display，LCD）技术用树脂增加了单体和光敏引发剂，从而可能会增加打印成形的收缩率。此外，长时间受到强紫外线的照射和穿透，LCD 液晶屏会发热，降低使用寿命。

目前，LCD 技术使用的光敏树脂多为紫外光波段（波长 405nm），而紫外光对 LCD 液晶屏具有一定的损伤作用，因此探索可在其他波段固化的光敏树脂也很有必要。Photocentric 公司研发了一种在 400～600nm 可见光波段就可固化的光敏树脂，这将降低 LCD 3D 打印设备的造价，进一步普及 LCD 3D 打印技术。

3.4.5　容积成形技术

容积成形技术是将置于透明圆柱容器中的光敏树脂进行周期旋转曝光固化的 3D 打印技术，原理如图 3-11 所示，紫外光从一个 DLP 投影仪里射出，投向一个中间持续旋转的系统，里面装有光敏树脂，当容器带动树脂液体旋转时，DLP 投影仪投影出持续变化的光路形状，催化光固化树脂固化。该技术由来自伯克利和美国劳伦斯利佛摩国家实验室的研究人员提出，并且研究出一种计算轴向光刻的算法，用于控制轴向照射的光线，如图 3-12 所示。

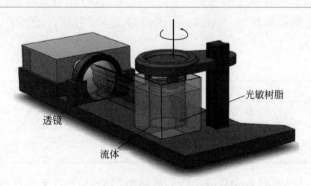

图 3-11　容积成形 3D 打印成形原理

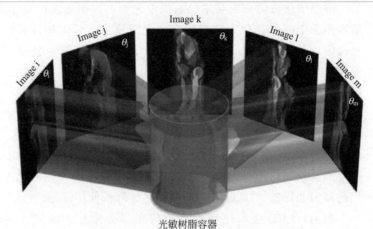

光敏树脂容器

图 3-12　轴向光刻（CAL）算法示意

与传统的立体光刻技术和数字光投影技术相比，容积成形技术打印速度更快，并且还可以使用不同的光敏树脂材料组合完成打印。这套系统的最高精度，目前可以达到 0.3mm。

3.5　常见设备及其性能

目前，采用光固化成形的 3D 打印机已经实际生产应用，这里介绍两款市面上较为先进的设备。

（1）DWS DigitalWax 029X

DWS DigitalWax 029X 是意大利制造商 DWS Additive Manufacturing 生产的立体光刻技术 3D 打印机。在该 3D 打印机上可以打印各种材料，包括丙烯酸酯树脂、ABS、聚丙烯等。主要打印性能如表 3-2 所示，设备外观如图 3-13 所示。

表 3-2　DWS DigitalWax 029X 打印性能

XY 精度	0.05mm
最大模型尺寸	150mm×150mm×200mm
最大模型体积	4.50L
最小层高	$10\mu m$

DWS DigitalWax 029X 是典型的立体光刻技术打印机，可以打印多种材料，是很多工程材料的替代品，材料应用举例如表 3-3 所示。

图 3-13　DWS DigitalWax 029X 设备外观

表 3-3　DWS DigitalWax 029X 材料及应用

材料	性质	应用
DC 100	高精度、低收缩率	适合直接生产表面光滑细致的首饰、图案
DC 500	蜡状材料、易燃	适用于珠宝或者细线图案的成形
DL 350	类聚丙烯、高弹性	为日常使用和工业设计成形零部件
DL 360	透明、强度高	生产透明的功能部件,可用于日常使用和工业设计
AB 001	类 ABS	生产高强度的部件
GM 08	类橡胶、透明、高弹性	生产灵活耐用的部件,无需进一步处理
DM 210	类陶瓷、表面质量高	适用于具有液体硅胶特性的珠宝图案
DM 220	纳米填充陶瓷、表面光滑	适用于在高温下使用的橡胶制品模型

（2）ASIGA PICO 2

ASIGA PICO 2 3D 打印机主要基于 Asiga 公司的 SAS（slide-and-separate，滑动与分离）技术，这是一种自上而下的数字光投影技术，可实现较大的构建尺寸，同时需要的支撑结构较小，精度较高。主要打印性能如表 3-4 所示，设备外观如图 3-14 所示。

表 3-4　ASIGA PICO 2 打印性能

XY 精度	0.05mm
最大模型尺寸	150mm×150mm×200mm
最大模型体积	4.50L
最小层高	10μm

图 3-14　ASIGA PICO 2 设备外观

ASIGA PICO 2 可实现 $10\mu m$ 的打印层厚，可用于牙齿修复，包括牙冠、牙桥、义齿、嵌体、高嵌体，以及珠宝制造和助听器制造，材料应用举例如表 3-5 所示。

表 3-5　**ASIGA PICO 2 材料及应用**

材料	性质	应用
Plas^{TM} range	高分辨率、耐腐蚀	适用于外壳、夹具、机械组件的成形,具有较高耐用性和表面光洁度
Super CAST	快速成形大量树脂	适用于精密成形,如首饰制造和牙齿修复
Super WAX	蜡状材料、易燃	低熔点,50℃液化

3.6　光固化成形的技术进展

3.6.1　光敏树脂研发进展

（1）可高速打印和高精度成形的光敏树脂研发

虽然 3D 打印快速成形技术已走向实际生产及商业领域，但是打印的速度还是较慢。3D 打印速度慢增加了使用者的商业成本，使"快速"两字大打折扣。另外，由于三维快速成形技术本质上是"层叠加"，因此在光固化时材料层与层之间的界面难以连续，这样就产生了成形精度有限的问题。所以，实现高速、高精度打印是打印机和耗材研发者共同追求的目标。

（2）功能化光敏树脂的研发

由于现用立体光刻技术光敏树脂化学与物理性能的局限，使得立体光刻技术的应用绝大多数集中在模具、文物保护及文化创意等领域，很少能作为直接安装使用的机械零件。如果材料可以满足使用者在材料功能上的需求，如抗冲击性、导电性、耐高温性、阻燃性、耐溶剂性、高透光性及生物相容性等，那么三维快速成形技术将会大大扩展其应用领域，实现质的飞跃。从最近几年文献报道来看，立体光刻技术应用在生物医疗领域飞速发展。如开发出可打印多孔性的骨骼或生物支架的光敏凝胶材料，材料具有生物相容性，可在上面培育细胞，实现生物器官的3D打印。所以，如何开发及研究带有功能性的新型光敏树脂材料体系是材料研发者面临的一大挑战。

（3）无毒害无环境污染光敏树脂的研发

绿色环保是当前社会发展的重要课题。虽然光固化技术的优势是无或低的碳排放，被誉为绿色化学。但是在光敏树脂配方中经常会用到有毒有害的化合物，如含锑化合物碘鎓盐等，这些物质的添加影响了三维快速成形技术在医学生物及食品等领域中的应用。同时，废料的排放也会对环境起到毒害作用。因此，研发新型无毒光引发体系及绿色环保的光敏树脂越来越被人重视，已成为一个必然的发展趋势。

3.6.2 光固化陶瓷新材料研发进展

基于光固化直接陶瓷成形工艺是一种新型陶瓷成形工艺。工业陶瓷是伴随着现代工业技术发展而出现的各种新型陶瓷总称，它充分利用了各组成物质的特点以及特定的力学性能和物理化学性能。陶瓷材料具有优良的高温性能、高强度、高硬度、低密度、好的化学稳定性，使其在航天航空、汽车、生物等行业得到广泛应用。而陶瓷难以成形的特点又限制了它的使用。

光固化陶瓷3D打印的工艺流程如下：

① 把光固化陶瓷浆料放入光固化打印机中打印成形；

② 清洗未固化的陶瓷浆料；

③ 打印成形的陶瓷生坯中有机物的含量高，应在保护性气体中脱脂；

④ 对陶瓷生坯进行高温烧结。

美国 Michigan 大学的 Michelle L Griffith 和 John W. Halloran 首先提出了将立体光刻技术和陶瓷制造工艺相结合的思想，并初步研究了水基和树脂基两种陶瓷浆料的制备。国内周伟召等人研究的基于光固化的直接陶瓷成形工艺也取得了很大进展，他们对影响陶瓷浆料黏度及固化厚度的各种因素进行了研究，制得了一种低收缩率的陶瓷零件。氮化硅陶瓷部件在机械、化工和汽车等领域均有着广泛的应用，例如：氮化硅陶瓷齿轮、涡轮转子等。目前，氮化硅陶瓷坯体主要存在成品不均匀、烧结后产品尺寸精度差以及制造成本高的缺陷。广东工业大学利用具有双峰分布的氮化硅陶瓷粉体与预混液、光引发剂等混合所制得的氮化硅陶瓷，光固化打印后陶瓷颗粒分散均匀、尺寸精度高、表面光洁度好，提高了陶瓷产品的可靠性。

如今，光固化成形取得了突飞猛进的进展，对我国经济社会的发展具有推动作用，但仍存在一定的局限性，今后需要着重提高设备精度及稳定性，寻求新的环保原材料，降低生产成本，不断开发拓展新的合作应用领域，使之得到更广泛的应用与发展，更好地服务社会，造福社会。此外，快速成形工艺制造的原型强度有待加强，这是日后需要完善的方面，也是科学家重点研究的问题。

参考文献

[1] 吕延晓. 紫外光/电子束（UV/EB）固化的应用现状与发展前景（一）[J]. 精细与专用化学品, 2007（01）: 29-32.

[2] 吴幼军, 褚衡, 郦华兴. 激光光固化快速成形用光敏树脂的研制[J]. 塑料科技, 2003,（3）: 7-11.

[3] 李志刚. 中国模具设计大典[M]. 南昌: 江西科学技术出版社, 2003.

[4] Wang W. Synthesis and characterization of UV-curable polydimethylsiloxane epoxy acrylate[J]. European polymer journal. 2003 Jun 30;39（6）: 1117-23.

[5] Kim J, Jeong D, Son C, et al. Synthesis and applications of unsaturated polyester resins based on PET waste[J]. Korean Journal of Chemical Engineering. 2007 Nov 1;24（6）: 1076-83.

[6] 游长江, 刘迪达, 罗文静, 等. 不饱和聚酯的改性[J]. 广州化学, 2001,（2）: 42-49.

[7] 张赛南, 谢晖, 黄莉, 等. 紫外光固化松香基聚酯丙烯酸酯的合成研究[J]. 热固性树脂, 2009,（6）: 22-25.

[8] 李善君, 纪才圭. 高分子光化学原理及应用[M]. 上海: 复旦大学出版社. 1993.

[9] 焦书科, 黄次沛, 蔡夫柳, 等. 高分子化学[M]. 北京: 中国纺织工业出版社. 1994.

［10］ 陆企亭. 快固型胶粘剂[M]. 北京：科学出版社. 1992.

［11］ 翟缓萍，侯丽雅，贾红兵. 快速成型工艺所用光敏树脂[J]. 化学世界，2002（08）：437-440.

［12］ 李振，张云波，张鑫鑫，等. 光敏树脂和光固化 3D 打印技术的发展及应用[J]. 理化检验（物理分册），2016，52（10）：686-689 + 712.

［13］ 郭天喜，陈道. 用于光固化三维快速成型（SLA）的光敏树脂研究现状与展望[J]. 杭州师范大学学报（自然科学版），2016，15（02）：143-148.

［14］ 李小林，吴晓鸣，田宗军，等. 快速成型计算机控制系统[J]. 机械设计与制造工程，1999（01）.

［15］ 黄晓明，张伯霖. 光固化立体成型技术及其最新发展[J]. 机电工程技术，2001（05）.

［16］ 陈剑虹，朱东波，马雷，等. 光固化法快速成型技术中的紫外光源[J]. 激光杂志，1999（06）：57-59.

［17］ 刘娟娟. 用于 DLP 立体光刻技术的光敏树脂研究[D]. 沈阳：辽宁大学，2016.

［18］ 宛泉伯. 投影式光固化快速成型设备控制系统研究 [D]. 哈尔滨：哈尔滨工业大学，2015.

［19］ 刘杰. 数字光处理 DLP 芯片及其应用[J]. 集成电路应用，2015（02）：28-30.

［20］ Feather G A, Monk D W. The digital micromirror device for projection display[C]// Proceedings IEEE International Conference on Wafer Scale Integration (ICW-SI). IEEE Computer Society, 1995.

［21］ Tumbleston J R, Shirvanyants D, Ermoshkin N, et al. Continuous liquid interface production of 3D objects[J]. Science, 2015, 347 (6228): 1349-1352.

［22］ Kelly, B. E, Bhattacharya, I., Heidari, H., et al. Volumetric additive manufacturing via tomographic reconstruction[J]. Science, 2019 (363), 1075-1079.

［23］ 周飞. 基于光固化技术的陶瓷快速成型研究进展[J]. 中国陶瓷工业，2017（06）：21-22.

［24］ Griffith M L, Halloran J W. Freeform fabrication of ceramics via stereolithography[J]. Journal of the American Ceramic Society. 1996 Oct 1; 79 (10): 2601-2608.

［25］ 周伟召，李涤尘，周鑫南，等. 基于光固化的直接陶瓷成形工艺[J]. 塑性工程学报，2009，（3）：198-201.

［26］ 刘伟，伍海东，伍尚华，等. 一种基于光固化成形的 3D 打印制备氮化硅陶瓷的方法：201710048156. 0[P]. 2017-01-20.

第4章

粉末床熔融
成形技术

粉末床熔融成形技术（powder bed fusion，以下简称 PBF）是一种利用激光等热源诱导粉末颗粒间局部或完全熔合的增材制造工艺。粉末床熔融成形技术的机理主要是烧结和熔融，两者区别在于烧结被认为是部分熔融过程，而熔融被认为是完全熔融过程。在固态烧结过程中，颗粒表面的熔合只会导致零件存在固有孔隙，而在完全熔融过程中，所有的颗粒都完全熔合在一起，从而形成致密的零件，其孔隙度几乎为零。结合机理将在很大程度上影响成形速度和零件性能。粉末床熔融成形技术主要是以高能激光/电子束为能量源的热加工工艺为基础，为成形材料选择合适的激光/电子束系统是粉末床熔融成形技术的关键。

粉末床熔融成形技术包括选择性激光烧结（selective laser sintering，SLS）、选择性激光熔融（selective laser melting，SLM）和电子束熔融（electron beam melting，EBM）。在粉末床熔融工艺过程中，每个扫描体的单位体积比能量 W 是激光功率 P、扫描速度 v、扫描间距 h、层厚 t 等加工参数的函数：

$$W = \frac{P}{vht} \tag{4-1}$$

选择性激光烧结所用的金属材料是经过处理的与低熔点金属或者与高分子材料混合的粉末，在加工的过程中低熔点的材料熔化，但高熔点的金属粉末是不熔化的。利用被熔化的材料实现黏结成形，所以实体存在孔隙，力学性能差，要使用的话还要经过高温重熔。

选择性激光熔融是在加工的过程中用激光使粉体完全熔化，不需要黏合剂，成形的精度和力学性能都比选择性激光烧结要好。

电子束熔融是使用电子束将金属粉末一层一层融化，生成完全致密的零件。电子束熔融和真空技术相结合，可获得高功率和良好的环境，从而确保材料性能优异。

4.1 粉末床熔融成形原理、特点和设备

4.1.1 选择性激光烧结技术

选择性激光烧结技术又称为选区激光烧结技术。选择性激光烧结技术最初来源于美国得克萨斯大学奥斯汀分校的一个学生——Carl Deckard。1989 年，Carl Deckard 在他的硕士论文中首先提出了该技术，

并且成功研制出世界上第一台选择性激光烧结成形机。随后美国 DTM
公司于 1992 年研制出第一台使用选择性激光烧结工艺、可用于商业化
生产的成形机——Sinter Station 2000 成形机，正式将选择性激光烧结
技术商业化。与其他快速成形方法相比，选择性激光烧结技术具有能
成形高度致密的金属制件、选材广泛、无需设置支撑结构、精度高等
优势。

按烧结材料的特性，选择性激光烧结技术的发展可以分为两个阶段：

① 利用烧结低熔点材料来制造制品　到现在为止，大部分的烧结设
备及工艺都处于该阶段，所使用的材料为高分子材料、金属材料、陶瓷
材料以及它们的复合材料。

② 烧结高熔点的材料直接制出制品　目前研究人员依然在努力突破
选择性激光烧结技术的瓶颈，同时利用该技术解决传统加工成形过程中
遇到的难点。现如今，选择性激光烧结技术已在汽车、造船、医疗、航
空等领域得到广泛应用，对人们的生活产生了深远的影响。

（1）选择性激光烧结技术的原理

完整的选择性激光烧结技术工艺过程由 RP（rapid prototyping）系
统与 CAD 系统两个方面共同协作完成，STL 文件格式为二者数据交换的
途径，如图 4-1 所示。其整个工艺过程包括 CAD 建模与模型数据处理、
铺粉、烧结以及制品后处理等。CAD 建模可利用 Pro/E 或者 SolidWorks
等建模软件生成，也可以通过 3D 传感器（如声、光数字仪）、医学图像
数据或者其他 3D 数据源生成，建模软件生成的 CAD 模型无法直接运用
于 RP 系统，因此需先转化为 STL 格式文件。

图 4-1　CAD 系统与 RP 系统之间的数据交换

选择性激光烧结技术的整个成形工艺装置包括：激光器、激光器光
路系统、振镜扫描系统、工作平台、供粉缸、工作缸以及推粉装置。工
作前，需将 CAD 模型转化为 STL 文件格式，然后将其导入 RP 系统中进
行参数的确定（激光功率、预热温度、分层厚度、扫描速度等）。工作
时，供粉缸活塞上升，推粉装置将粉末均匀地在工作平面上铺上一层，

计算机根据模型的切片结果控制激光对该层截面进行有选择性的扫描、烧结粉末材料以成形一层实体；一层截面烧结完成后，工作平台下降一个层厚，推粉装置在工作平面上均匀地铺上一层新的粉末材料，计算机根据模型在该层切片结果控制激光对该层截面进行有选择性的扫描、烧结粉末材料以成形一层新实体；层层叠加、循环往复，最终形成一个三维制品；待制品完全冷却，取出制品并收集多余粉末，得到所需要的坯体。工作原理如图 4-2 所示。

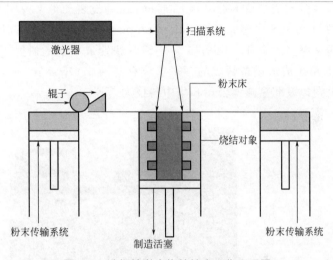

图 4-2　选择性激光烧结技术工作原理图

（2）选择性激光烧结技术的特点

选择性激光烧结技术与其他快速成形技术相比，其最大的优点在于选材广泛。理论上来说，只要是能通过激光加热，使其受热产生相互黏结的粉末材料都有成为选择性激光烧结技术原材料的可能性，同时该技术能成形致密的金属制品。该技术还具备以下特点：

① 成形过程与零件复杂程度无关，制件的强度高。与其他快速成形方式不同，选择性激光烧结不需要预先设置支撑结构，其利用未被烧结的粉末作为支撑，可以成形形状非常复杂的制品。

② 生产周期短。由于无需预先设置支撑结构，无需合模，因此从 CAD 建模到制品加工完成，整个过程仅仅只需要几个小时到十几个小时；且在加工过程中实现数字化，制品形状可以随时修正、随时制造，常常运用于新产品的研制与开发。

③ 成形精度高。当粉末材料的粒径小于 0.1mm 时，成形的精度可

达到±1%。

④ 材料利用率高。未烧结的粉末可重复使用，成本低，因而成形出的制品价格便宜。

⑤ 应用面宽泛。因其选材的多样化，可以运用于汽车、造船、医疗等诸多行业。

(3) 选择性激光烧结成形设备

1992年，美国DTM公司（现已并入美国3D Systems公司）基于选择性激光烧结技术提出者Carl Deckard发表的论文发明了世界上第一台商用型SLS快速成形机Sinter Station 2000，如图4-3所示。从那时起，越来越多的企业、机构加入对SLS快速成形机的研究工作中。现阶段，在SLS成形设备领域的领军单位有美国3D Systems公司、德国的EOS公司以及北京隆源公司和华中科技大学等。

图 4-3　Sinter Station 2000 快速成形机

2001年德国EOS公司紧随DTM公司推出EOSINT系列选择性激光烧结成形机，其中EOSINT P系列成形机适合于高分子材料；EOSINT M系列适合于金属材料；EOSINT S系列适合于覆膜砂，是目前比较成熟的高端打印机。

EOSINT M400打印机（如图4-4所示）采用4个激光头，每个激光头的最大功率为1000W，可以极大提高生产效率，满足需要更高功率激光器的材料；其最大的打印尺寸是400mm×400mm×400mm，激光聚焦直径90μm；该打印机带有具有自动清洗功能的循环过滤系统，可以降低材料过滤的成本；同时该打印机带有触摸屏，方便用户快速操作。

当前，3D Systems和EOS公司是世界上最大的选择性激光烧结成形设备与材料的供应商。表4-1为美国3D Systems公司选择性激光烧结成形设备型号及参数，这些设备对应的外形如图4-5所示。

图 4-4　EOSINT M400 打印机

图 4-5　美国 3D Systems 公司选择性激光烧结成形设备

表 4-1　美国 3D Systems 公司选择性激光烧结成形设备型号及参数

型号	ProX SLS 500	sPro 60 HD-HS	sPro 140	sPro 230
成形空间 /mm	381×330×460	381×330×460	550×550×460	550×550×750
材料	DuraForm ProX PA	DuraForm PA/GF/EX/HST/Flex/PS	DuraForm PA/GF/EX/HST/Flex/PS	DuraForm PA/GF/EX/HST/Flex/PS
分层厚度 /mm	0.08～0.15	0.08～0.15	0.08～0.15	0.08～0.15
成形速度 /L·h⁻¹	1.8	1.8	3.0	3.0
粉末回收处理	全自动	人工	自动	自动

　　国内对选择性激光烧结技术的研究起步于 20 世纪 90 年代初。1994 年，北京隆源自动成形系统有限公司成功研制出国内首台工业级 3D 打印设备——选区激光粉末烧结快速成形机，该机通过北京市科学技术委员会组织的专家鉴定，并获得发明专利。截至 2018 年，隆源已经研制成功新一代金属铺粉 3D 打印机——AFS-M260 和 AFS-M120（如图 4-6 和图 4-7 所示），突破了高精度运动系统、封闭式供粉系统、惰性气氛控制、过程监测及整机控制等技术难点，可实现普通不锈钢、镍基合金材料的高效成形，还可使钛合金、铝合金等易燃合金在保护气体下进行高效成形，成形的制品如图 4-8 所示。

图 4-6　金属铺粉（SLM）3D 打印机 AFS-M260

图 4-7　金属铺粉（SLM）3D 打印机 AFS-M120

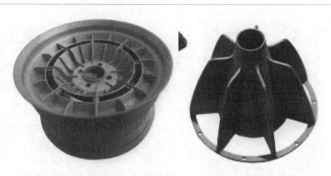

图 4-8　采用隆源 AFS-M260、AFS-M120 成形的制品

　　2008 年，TPM3D 盈普团队在国内推出首台激光烧结尼龙粉末增材制造系统——TPM ELITE P4500 以及尼龙粉末 Precimid1120，填补国内选择性激光粉末烧结制作工业级塑胶零件的技术空白。2017 年 5 月，TPM3D 盈普团队研制的激光烧结增材制造系统通过德国莱茵 TUV 的 CE 检测，成为中国首家获得 TUV 的 CE 认证的增材制造系统研发和制造商。2018 年，盈普发布自主研发和生产的高分子激光烧结增材制造系统，通过对尼龙粉和聚醚醚酮 PEEK 的高温烧结，提供矫形及康复固定支具、术前模型、手术导板、植入假体等个性化医疗解决方案。不久之后，盈普发布了非金属粉体制造业内首个清洁生产解决方案，开创了清洁打印的先河。目前 TPM3D 盈普团队向市场提供如图 4-9 所示 S320HT、S360、S480 和 S600 四款激光烧结设备。

(a) S320HT　　　　　　　　　　　　(b) S360

图 4-9

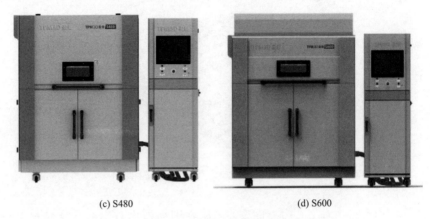

(c) S480 　　　　　(d) S600

图 4-9　TPM3D 盈普团队的四款激光烧结设备

　　武汉大学与武汉滨湖机电技术产业有限公司联合研制出基于粉末烧结的 HRPS 系列快速成形设备采用振镜式动态聚集扫描方式，成形空间最大可达 1400mm×1400mm×500mm，是世界上最大的选择性激光烧结快速成形设备。该系列设备实现一机多材，可烧结多种高分子粉末、覆膜砂、陶瓷粉末，可直接制作各种高分子材料功能件、精密铸造用蜡模和砂型、型芯。图 4-10 为利用该系列设备制造出的制品。

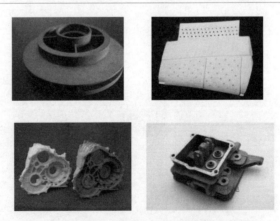

图 4-10　HRPS 系列快速成形设备制造的制品

　　2011 年 9 月，湖南华曙高科成功制造出我国首台选择性激光烧结设备——FS401α机，正式成为高端选择性激光烧结设备制造商。在此之后，华曙高科不断加大对选择性激光烧结设备的研究。2018 年，华曙高科推出了最新机型——"连续增材制造解决方案（CAMS）"的大型高温尼龙打印设备 HT1001P（如图 4-11 所示）。跟华曙高科其他产品一样，该机型属于开源系统，用户可以根据需要灵活选择材料，自由调节参数。该机型建造体积为 1000mm×500mm×450mm，可烧结熔点为 220℃ 以下的高性能材料，并且具有多激光扫描能力，可打印单个或多个大尺寸工件。图 4-12 所示为使 FS3300PA（PA 1212）粉末为原料通过 HT1001P 一体成形的汽车 HVAC 部件。

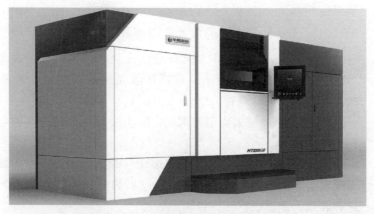

图 4-11　大型高温尼龙打印设备 HT1001P

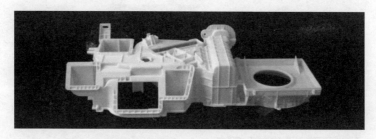

图 4-12　通过 HT1001P 一体成形的汽车 HVAC 部件（原料为 PA 1212）

此外，国内很多科研院校也投入到选择性激光烧结成形设备的研究工作中，如中北大学研制的 HLP 系统、南京航空航天大学独创的 RAP 系统等。

4.1.2　选择性激光熔融技术

选择性激光熔融技术最早由德国弗朗霍夫激光器研究所（Fraunhofer

Institute for Laser Technology，FILT）于 1995 年提出，用它能直接成形出接近完全致密度的金属零件。选择性激光熔融技术克服了选择性激光烧结技术制造金属零件工艺过程复杂的困扰。选择性激光熔融技术是利用金属/陶瓷粉末在激光束的热作用下完全熔化、经冷却凝固而成形的一种技术。选择性激光熔融是从选择性激光烧结中演变而来，它的加工方式与选择性激光烧结相类似，但是因为在加工过程中粉末完全融化，因此成品有更高的致密度，致密度近乎 100%，是一种极具发展前景的快速成形技术，其应用范围已经拓展到航空航天、医疗、汽车、模具等领域。

（1）选择性激光熔融技术的原理

选择性激光熔融技术与选择性激光烧结技术制件过程非常相似，成形工艺过程如图 4-13 所示。选择性激光熔融工艺一般需要添加支撑结构，其主要作用体现在：

① 承接下一层未成形粉末层，防止激光扫描到过厚的金属粉末层而发生塌陷；

② 由于成形过程中粉末受热熔化冷却后，内部存在收缩应力，导致零件发生翘曲等，支撑结构连接已成形部分与未成形部分，可有效抑制这种收缩，能使成形件保持应力平衡。

计算机CAD　　　　　CAD模型　　　　　模型切片处理

应用　　　　　　　成形零件　　　　　SLM成形

图 4-13　选择性激光熔融成形工艺过程

（2）选择性激光熔融技术的特点

优点：①可以直接熔融金属/陶瓷材料，具有很高的致密度，比选择性激光烧结具有更高的成形质量，比电子束熔融的成本更低；②抗拉强度等力学性能指标优于铸件，甚至可达到锻件水平，显微维氏硬度可高于锻件。

缺点：①成形速度较低，为了提高加工精度，需要用更薄的加工层厚，加工小体积零件所用时间也较长，因此难以应用于大规模制造；②设备稳定性、可重复性还需要提高；③表面粗糙度有待提高。

（3）选择性激光熔融成形设备

选择性激光熔融技术的研究主要集中在欧美国家，如德国、比利时、英国、美国等。其中，德国是最早、最深入从事选择性激光熔融技术研究的国家。第一台选择性激光熔融系统是 1999 年由德国 Fockele 和 Schwarze（F&S）与德国弗朗霍夫研究所一起研发的基于不锈钢粉末选择性激光熔融成形设备。目前国外已有多家选择性激光熔融设备制造商，例如德国 EOS 公司、SLM Solutions 集团和 Concept Laser 公司。

德国 SLM Solutions 集团是世界领先的金属激光增材制造设备（3D 打印）生产商，专注于选择性激光熔融相关的高新技术研发，其研发的选择性激光熔融设备 SLM 125（如图 4-14 所示）的加工尺寸为 125mm × 125mm × 125mm，设备结构紧凑，经济性极佳，适合应用于研发领域以及工业生产小尺寸零件。此外，SLM 125 可选配成形尺寸 50mm×50mm×50mm 的加工小平台，可减少 80% 的粉末使用量。双向铺粉专利技术成就了其在同类型设备中最快的成形速度，而气体循环过滤技术不仅已获得专利，同时也呈现了安全操作的设计理念。惰性气流即使在调节到最低消耗量时也能够达到理想的工艺特性。

图 4-14　SLM 125 设备

德国 EOS 公司为全球最大的激光粉末烧结快速成形系统的制造商，其生产的 EOS M400 设备（图 4-15），具有高功率、高生产效率、加强监测等特性，参数如表 4-2 所示。

图 4-15　EOS M400 设备

表 4-2　**EOS M400 设备参数表**

激光种类	Yb-fibre laser；1000W
最大成形尺寸/mm	400×400×400
切层厚度/mm	0.09
扫描速度/(m/s)	48
作业系统	Windows 7
输入档案格式	stl
重量/kg	4635
耗电网数/A	50
机台尺寸/mm	4181×1613×2355
适用材料	钛合金、模具钢、不锈钢(工业、医疗)、钴铬合金、铝镁合金

　　近年来中国许多高校及研究机构都开始对该项技术进行研究和推广。中国最早进行选择性激光熔融技术研究的单位是华中科技大学和华南理工大学，西北工业大学、铂力特公司等单位作为后起之秀也取得了巨大的成就。

　　华中科技大学材料成形与模具技术国家重点实验室先后推出了 2 套 SLM 设备：HRPM-Ⅰ和 HRPM-Ⅱ，主要性能参数如表 4-3 所示。利用上述设备，该中心成功制造了形状复杂的薄壁网格件和叶片，但成形零件致密性差，最大只能达到 80%。

表4-3 华中科技大学开发的 HRPM 系统主要性能参数

工艺参数	HRPM-I	HRPM-II
成形空间/mm	250×250×450	250×250×400
激光功率/W/类型	150/YAG	100/连续模式光纤激光器
激光扫描方式	三维振镜动态聚焦	二维振镜聚焦
激光定位精度/mm	0.02	0.02
激光最大扫描速度/(m/s)	5	5
成形速度/(mm³/h)	≥7000	≥7000
金属粉末铺粉层厚度/μm	50~100	50~100
送粉方式	双缸下送粉	双缸上送粉

铂力特公司依托西北工业大学，引进美国 SCIAKY 公司的 EBF2 技术，在 2012 年开始发展选择性激光熔融技术和设备，迅速将其应用到航空航天领域，并在 2014 年推出首款选择性激光熔融设备。图 4-16 为西安铂力特公司的 SLM 成形件。

图 4-16 西安铂力特公司的 SLM 成形件

2016 年华中科技大学曾晓雁教授带领团队成功研发了一台大型选择性激光熔融设备，该设备能够制造出 500mm×500mm×530mm 的零件，成为当时全球最大的选择性激光熔融成形设备，该设备有 4 台 500W 的光纤激光器同时扫描，成形效率处于全球领先地位。但这一记录很快被苏州西帝摩三维打印科技有限公司打破，面对航空航天和军工市场需求下 3D 打印体积越来越大的发展态势，苏州西帝摩三维打印科技有限公司在国家 863 项目的支持下，不断突破创新，攻克技术难关，成功研发出大尺寸的选择性激光熔融金属 3D 打印机 XDM750，该设备的外观及打印件成品如图 4-17 所示。它的成形尺寸为 $750\,mm \times 750\,mm \times 500\,mm$，自身尺寸和成形尺寸创下了两项世界第一，而且加工件各项性能指标也达到世界领先水平，使得成形效率大幅提高，生产成本成倍下降，未来在航空航天和军工、模具、医疗、汽车行业的广泛应用，都能使机械的精密度和开发制造效率更上一层楼。

图 4-17　XDM750 设备外观及其打印件

4.1.3　电子束熔融技术

电子束熔融技术经过密集的深度研发，现已广泛应用于快速原型制作、快速制造、工装和生物医学工程等领域。瑞典 Arcam AB 公司发明了世界首台利用电子束来熔融金属粉末，并经计算机辅助设计的精密铸造成形机设备。它能用于加工专为病人量身定做的植入手术所需的人工关节或其他精密部件等。该机器利用电子束将钛金属的粉末在真空中加热至熔融，并在计算机辅助设计下精确成形（如制成钛膝关节、髋关节等）。由于钛粉末在真空中熔融并成形，故可避免在空气中熔融所带来的氧化缺陷等质量问题。

（1）电子束熔融技术的原理

电子束熔融技术的原理如图 4-18 所示。电子束熔融设备最重要的两个部分包括真空室、电子枪。电子枪包括阴极、阳极和聚焦扫描系统；粉末料斗、铺粉器、成形平台等都安装在真空室中，3D 打印过程在高真空环境保护下进行。电子束由位于真空腔顶部的电子束枪生成。电子枪是固定的，而电子束则可以受控转向，到达整个加工区域。电子从一个丝极发射出来，当该丝极加热到一定温度时，就会放射电子。电子在一个电场中被加速到光速的一半，然后由两个磁场对电子束进行控制。第一个磁场扮演电磁透镜的角色，负责将电子束聚焦到期望的直径。然后，第二个磁场将已聚焦的电子束转向到工作台上所需的工作点。

电子束熔融成形过程与选择性激光烧结和选择性激光熔融大致相似：在实验之前，首先将成形基板平放于粉末床上，铺粉耙将供粉缸中的金属粉末均匀地铺放于成形缸的基板上（第一层），电子枪发射出电子束，经过聚焦透镜和反射板后投射到粉末层上，根据零件的 CAD 模型设定的第一层截面轮廓信息有选择地烧结熔化粉层某一区域，以形成零件一个水平方向的二维截面；随后成形缸活塞下降一定距离，供粉缸活塞上升相同距离，铺粉耙再次将第二层粉末铺平，电子束开始依照零件第二层 CAD 信息扫描烧结粉末；如此反复逐层叠加，直至零件制造完毕。

生产过程中，电子束熔融技术和真空技术相结合，可获得高功率和良好的环境，从而确保材料性能优异。

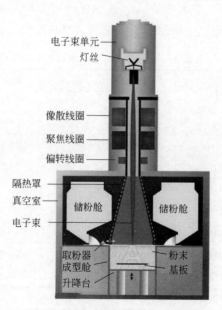

图 4-18　电子束熔融技术的原理示意

（2）电子束熔融技术的特点

与选择性激光烧结/熔融相比，电子束熔融技术具有以下优势：

① 电子束功率的高效生成使电力消耗较低，而且安装和维护成本较低；

② 由于产出速度高，所以整机的实际总功率更高；

③ 由于电子束的转向不需要移动部件，所以既可提高扫描速度，又使所需的维护很少；

④ 对于对光能具有较高反射作用的金属沉积成形的利用率较高。

当然，电子束熔融技术也有劣势，包括：

① 需要真空，所以机器需配备另一个系统，成本较高，而且需要维护，好处是，真空排除杂质的产生，而且提供了一个利于自由形状构建的热环境；

② 电子束熔融技术的操作过程会产生 X 射线，解决方法是合理设计真空腔屏蔽射线。

（3）电子束熔融成形设备

瑞典 Arcam AB 公司发明了世界首台利用电子束来熔融金属粉末，并经计算机辅助设计的精密铸造成形机设备。目前全球所使用的电子束熔融成形设备基本都是 Arcam AB 公司生产，其主要型号及技术参数见表 4-4。一般电子束熔融设备造价及材料昂贵，售价见表 4-5 和表 4-6。

表 4-4　瑞典 Arcam AB 公司电子束熔融成形设备主要型号及技术参数

工艺参数	型号		
	Q20	A2X	Q10
最大成形尺寸/mm	350×350×380	200×200×380	200×200×180
外形尺寸/mm	2300×1300×2600	2000×1060×2370	1850×900×2200
重量/kg	2900	1570	1420
束斑直径	min:180μm	0.2～1.0mm	min:100μm
电子枪灯丝	水晶	钨丝	水晶
电子束功率	50～3000W		
电子束扫描速度	最高 8000m/s		
加工速度	55～80cm³/h		
粉末颗粒直径	45～105μm		
电子束数量	最高 100		
表面质量	Ra 25μm/Ra 35μm		

续表

工艺参数	型号		
	Q20	A2X	Q10
层厚	0.05～0.2mm		
电源	32A,7kW		
电脑系统	PC、Windows 操作系统		
CAD 格式	STL		
网络	Ethernet10/100		
认证	CE		

表 4-5　电子束熔融成形设备售价

设备型号	Q20	A2X 或 A2	Q10
售价/万欧元	96	82	66

表 4-6　电子束熔融成形常用粉末售价

粉末	Ti6Al4V	Ti	CoCr	Inconel
价格/(欧元/kg)	185	220	140	150

Q10 是 Arcam 公司最新一代的电子束熔融金属 3D 打印机产品,如图 4-19 所示。Q10 主要用于工业级的整形外科和医疗植入物制造。它具有高效率、高解析度、易于操作和制件质量高的特点。Q10 属于 Arcam A1 系统的替代产品,集成了多种新的先进功能,其中包括增加了一个

图 4-19　Arcam Q10 电子束熔融成形设备

新的电子束枪，它提升了生产效率并将零部件解析度提升到了一个更高的水平。此外 Q10 上还使用了 Arcam 最新的 LayerQam 技术，这是一个基于摄像头的监控系统，可以在线监控零部件质量。

在很长一段时期，国产自主装备处于空白。2004 年，以清华大学林峰教授为带头人的技术团队瞄准 EBSM 技术，成功开发了国内首台实验系统 EBSM-150，并获得国家发明专利。智束科技历经多年研发，在国内率先推出开源电子束金属 3D 打印机 Qbeam Lab，如图 4-20 所示。该设备具有更大的功率密度，材料对电子束能量几乎无反射；更强的穿透能力，可以完全熔化更厚的粉末层；更高的粉末温度，降低热应力，无需热处理；更快的制造速度。智束科技 Qbeam Lab 电子束金属 3D 打印机具有六大特点：核心软件自主化、关键部件自主化、模块化可定制、工艺参数开源、自诊断自恢复、长时间稳定可靠。

图 4-20　Qbeam Lab 开源电子束金属 3D 打印机

Qbeam Lab 电子束金属 3D 打印机的主要技术参数如下：最大成形尺寸 200mm×200mm×240mm，成形精度 ±0.2mm，电子束最大功率 3kW，电子束加速电压 60kV，电子束流 0～50mA，阴极类型为钨灯丝直热式，最小束斑直径 200μm，电子束最大跳转速度 10m/s，极限真空 10～2Pa，氦气分压 0.05～1.0Pa 可调，采用网格扫描法加热粉末床，粉末床表面温度可达 1100℃，采用主动式冷却块进行零件冷却，采用光学相机进行工艺监控，打印的 Ti6Al4V 样件如图 4-21 所示。

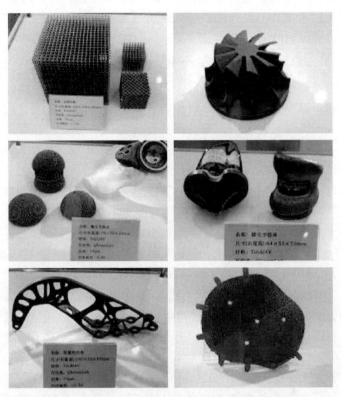

图 4-21　Qbeam Lab 设备打印的 Ti6Al4V 样件

4.2　粉末床熔融成形适用材料

4.2.1　高分子基粉末

  高分子基粉末主要采用选择性激光烧结技术。采用选择性激光熔融技术或电子束熔融技术造价太高，其应用价值也不明显。高分子基材料是研究最早、应用最广泛、最成功的选择性激光烧结原材料。此类材料与金属基、陶瓷基材料相比，具有成形温度低，所需烧结激光功率小等优点。目前，应用最多的选择性激光烧结高分子基材料主要是热塑性高分子基材料，此种材料又分为非结晶性和结晶性两种。

  非结晶性高分子材料包括聚碳酸酯（PC）、聚苯乙烯（PS）、聚乳酸

（PLA）、乳酸羟基乙酸的共聚物（PLGA）、聚己内酯（PCL）。结晶性高分子材料主要有尼龙（PA）、聚醚酮与聚醚醚酮（PEK、PEEK）、高密度聚乙烯（HPDE）。

（1）非结晶性高分子基粉末

与结晶性高分子材料不同，非结晶性高分子材料内的原子排列在三维空间不具有长程有序和周期性的特点，熔化时没有明显的熔点，而是存在一个转化温度范围。非结晶性聚合物材料的烧结温度是在玻璃化温度 T_g 以上。虽然在激光烧结中存在因黏度高，导致烧结速率低，从而导致烧结制件强度低、致密性差等缺点，但非结晶性聚合物材料烧结过程中尺寸收缩小、精度高，非常适于烧结对机械强度要求不高、但精度要求很高的制件。同时，许多具有优良生物相容性的非结晶聚合物材料被应用于生物医学行业。目前用于烧结的非结晶性聚合物材料有：聚苯乙烯（PS）、聚碳酸酯（PC）、聚乳酸（PLA）、乳酸羟基乙酸的共聚物（PLGA）、聚己内酯（PCL）等，其中 PS 与 PC 较为常见。

① 聚碳酸酯（PC）　PC 树脂具有突出的冲击韧性和尺寸稳定性，优良的力学强度、电绝缘性，使用温度范围宽，良好的耐蠕变性、耐候性、低吸水性、无毒性、自熄性，是一种综合性能优良的工程塑料，在 SLS 技术中是研究较多的高分子材料。

香港大学的 Ho 等在探索用 PC 粉末烧结塑料功能件方面做了很多工作，他们研究了激光能量密度对 PC 烧结件形态、密度和拉伸强度的影响，试图通过提高激光能量密度来制备致密度、强度较高的功能件。虽然提高激光能量密度能大幅度提高烧结件的密度和拉伸强度，但过高的激光能量密度反而会使烧结件强度下降、尺寸精度变差，还会产生翘曲等问题。他们还研究了石墨粉对 PC 烧结行为的影响，发现加入少量的石墨能显著提高 PC 粉末床的温度。华中科技大学的史玉升教授从另外一个角度探讨了 PC 粉末在制备功能件方面应用的可能性，他们采用环氧树脂体系对 PC 烧结件进行后处理，经过后处理的 PC 烧结件的力学性能有了很大的提高，可用作性能要求不太高的功能件。

武汉工程大学汪艳等人基于华中科技大学制造的 HRSP-Ⅲ型快速成形机研究了选择性激光烧结工艺对 PC 烧结件性能的影响，主要是从烧结件断面形态、密度、力学性能、烧结件精度 4 个方面研究了激光功率对 PC 烧结件性能的影响。汪艳等人还研究了后处理对 PC 制件力学性能的影响，采用环氧树脂对 PC 制件进行浸渍、固化处理。实验结果表明经环氧树脂处理之后的烧结件致密度和力学性能有大幅提升。

由于 PC 具有较高的玻璃化温度，因而在激光烧结过程中需要较高的预热温度，粉末材料容易老化，烧结不易控制。目前，PC 粉末在熔模精密铸造中的应用逐渐被聚苯乙烯粉末所替代。

② 聚苯乙烯（PS） PS 的玻璃化温度低，在熔融态下流动性和稳定性好，因此非常适合做成形加工材料。但其与 PC 一样，在烧结过程中容易产生孔隙，导致其成形件机械强度差，无法直接制作成功能件，需要经过后处理工序。

郑海忠等利用乳液聚合方法制备核-壳式 Al_2O_3/PS 纳米复合粒子，然后用这种复合粒子来增强 PS 的选择性激光烧结成形件，研究结果表明纳米粒子较好地分散在聚合物基体中，烧结件的致密度、强度得到提高。然而，他们都没有给出在增加烧结件致密度的同时，烧结件的精度如何变化。一般来说，较低的致密度是非晶态聚合物选择性激光烧结成形件强度低的根本原因，而从机理上讲通过添加无机填料不能提高烧结件的致密度，因而我们认为在保持较好精度的前提下，添加无机填料对非晶态聚合物选择性激光烧结成形件的增强作用有限。故此，华中科技大学的史玉升等提出先制备精度较高的 PS 初始形坯，然后用浸渗环氧树脂的后处理方法来提高 PS 烧结件的致密度，从而使得 PS 烧结件在保持较高精度的前提下，致密度、强度得到大幅提升，可以满足一般功能件的要求。

③ 其他非结晶性高分子材料 聚乳酸（PLA）、乳酸羟基乙酸的共聚物（PLGA）、聚己内酯（PCL）近期被人们用于选择性激光烧结。它们普遍拥有良好的生物相容性和医用价值，被用于烧结制作出骨骼支架等生物结构组织，用于美容矫正、组织修复等领域。实际运用中，往往在体系内加入纳米填料来提升这些材料的热力学性能与生物修复能力。Bai 等对 PLA 与 PLA/纳米黏土复合材料进行了探索，总结得出在不同的烧结条件下，纳米黏土的加入可以使烧结件的弯曲模量提升 3.1%～41.5%；而通过一种双重激光扫描方法则能够将弯曲模量增加 1 倍。Shuai 等将 PLGA/纳米羟基磷灰石（nano-HA）复合材料运用于选择性激光烧结成形中，制作出了多孔支架零件，发现纳米羟基磷灰石在复合粉末材料体系中的占比会大幅影响支架的力学性能和微观形态。Xia 等将 PCL 与纳米羟基磷灰石复合材料运用于激光烧结，得到了有序微孔结构。生物体实验显示纯 PCL 与 nano-HA/PCL 复合材料制件都有非常优良的生物相容性。nano-HA/PCL 支架则表现出更为优良的骨再生能力。

（2）结晶性高分子基粉末

结晶性聚合物材料最先被运用于选择性激光烧结或熔融技术，目前为止，其仍在选择性激光烧结或熔融技术材料中占据很大份额。结晶性聚合物材料具有独特的特性，其熔融温度 T_{cm} 与再结晶的温度 T_c 具有较宽的温差，且熔限很窄、熔体黏度较低。较宽的熔融与结晶温差，避免了再结晶过程的快速结晶造成结构强度缺陷；较窄的熔限范围则利于确定选择性激光烧结打印机的工作温度；熔体黏度较低则提高了加工速率与制品密实度。正是由于这些特性，结晶性聚合物材料非常适合运用于选择性激光烧结技术。然而结晶性聚合物材料也存在很大不足——收缩率很大，导致烧结过程中制品容易发生变形，制品的精度差。目前为止，运用于粉末床烧结技术的结晶性聚合物材料包括：尼龙（PA）及其复合材料、聚醚醚酮（PEEK）、高密度聚乙烯（HDPE）等。其中尼龙已经被证明是目前为止运用粉末床烧结技术直接制备塑料材料功能件的最好材料。

① 尼龙（PA）及其复合材料　由于 PA 具有机械强度高、韧性好、耐疲劳性能突出、表面光滑、耐腐蚀、重量轻、易成形等优势，因此运用 PA 成形出的制品在很多领域都得到广泛运用。但运用尼龙成形制品同时存在几大问题：加工温度低、尺寸稳定性差、易氧化等，而尼龙的复合材料成形制品在某些方面上比纯尼龙材料成形更加优越，可以满足不同场合、不同需求，所以近年来对于尼龙复合材料成形的研究成为热点。

Salmoria 等采用 PA12 和多壁碳纳米管（MWCNTs）作为原料，制备了具有多种应用价值的 PA/MWCNTs 复合烧结件。Kenzari 等采用 PA 作为基体，采用 AlCuFeB 准晶体为填料粒子制备了烧结件，该烧结件具有高精度、高耐磨性和低摩擦系数等性能特点，同时较低的孔隙率确保了该材料可直接用作密封件，且不需要注入树脂进行后处理，极大地缩短了制备时间。Pandey 等用改性蒙脱土增强 PA12，结果表明选择性激光烧结成形复合材料的力学性能低于 PA12 原料。进一步研究发现，其原因在于烧结过程尼龙并没有完全熔化，蒙脱土在尼龙基体中分散不均，在大部分区域并未发现二者反应形成纳米复合材料。

② 高密度聚乙烯（HDPE）　HDPE 烧结件的性能虽然不如工程塑料，但是它作为一种重要的通用结晶性塑料，产量巨大、价格便宜、应用广泛，人们因此也对其在选择性激光烧结技术的应用进行了一定研究。HDPE 一般与 PA12 粉末进行一定比例的混合后进行激光烧结，烧结件通常表现出某些性能的提高，如低温韧性与低的摩擦系数。任乃飞等在混合粉末中加入相容剂，用于增强烧结件两相的结合程度，并且分析了与激光能量密度成正比关系的激光功率/扫描速率（P/v）值对 PA12/HDPE 制件尺寸的影响。随着 P/v 值的增加，烧结件的翘曲量逐渐增

大；当 P/v 值为 0.8%，烧结件的翘曲量为较佳的 0.4mm。纯的 HDPE 往往烧结后根据其粉末粒径呈现出不同程度的孔隙结构，与羟基磷灰石 HA 复合后可以作为一种生物活性材料，用于制造人体骨骼或组织工程支架。Hao 等研究了 HA-HDPE 复合粉末材料的形态与成形工艺对烧结件结构与性能的影响。测试结果显示当复合粉末粒径在 $0\sim50\mu m$ 与 $0\sim75\mu m$ 时，烧结件的孔隙率在 69.9%～76.5%，并且激光能量密度越高，成形件的致密性也越大。

4.2.2 陶瓷基粉末

在日益增长的应用需求下，陶瓷材料因独有的高熔点、高硬度、高耐磨性以及耐氧化性越来越受人们的青睐，逐渐被应用于一些零部件的制造中。目前，3D 打印所用陶瓷粉末材料主要有 Al_2O_3、SiC、ZrO_2 等，烧结分别有直接烧结法和间接烧结法两种。

（1）直接烧结法

直接烧结法一般是采用选择性激光熔融技术高能激光束直接逐层烧结材料粉末而得到一定几何形状的产品。当激光功率足够大时，激光与粉末产生的相互作用会使粉末黏结在一起，从而不需要借助有机黏合剂，也不需要再次烧结等后续处理工序。如果用这种方式制备陶瓷结构材料，所得到的陶瓷制品可达到 100% 致密度，并且具有很好的弯曲强度。这种方法具有生产周期短，能够生产高纯度、高致密度、高力学性能的工件的优点，但是所得到的制品表面粗糙度较大、尺寸精度较低。在直接法过程中，由于激光功率较大，会产生较大的温度梯度，并且陶瓷塑性及抗热冲击能力差，直接法制备陶瓷制品的难度远大于制备金属及复合材料制品。

研究发现，通过对陶瓷粉末进行预热，可以减小陶瓷在制造过程中由于热应力而破裂的概率，同时也可以提高致密度与强度。但是，由于陶瓷材料熔点高，预热温度通常需要高于 1000℃，而过高的预热温度会产生较大的熔池，导致制品的表面粗糙、精度降低。Hagedorn 等采用选择性激光熔融技术制造含氧化铝-氧化锆共熔体的工件时，采用散射的二氧化碳激光器通过逐层预热将粉末床预热到 1700℃，所得到的工件具有较高的致密度，当制品高度小于 3mm 时，裂纹较少，但是制品的表面质量却有所下降。Wilkes 等在制造氧化铝-氧化锆工件时，预热温度也达到 1800℃，虽然制造的陶瓷制品致密度接近 100% 且强度达到 538MPa，但表面质量及精度都较差。直接选择性激光烧结/熔融方法虽然简单，但其包含复杂的物理化学过程，加之陶瓷材料与金属或复合材料的差异很大，要实现其在陶瓷制品工业化生产中的应用还需要开展大量的研究。

(2) 间接烧结法

间接烧结法的关键是将陶瓷粉末与有机黏合剂混合形成预制粉体、悬浮液或浆料，并主要采用铺粉的方式得到粉层，然后使激光逐层照射粉末层从而得到一定形状的坯体。有机黏合剂在激光照射下熔化而使陶瓷粉末黏结在一起，在随后的脱脂处理过程中有机黏合剂被去除，从而得到多孔、强度低的生坯。因此，还需将坯体进行后续加工，如烧结、等静压、热压等方式处理，最终得到具有一定孔隙度、强度的陶瓷产品。

如 Simpson 等人制备的 95/5L-聚乳酸乙交酯和 HA/TCP 复合材料，Tan 等人制备的 PEEK/HA 复合材料，这类生物陶瓷材料由于采用具有生物相容性的树脂材料和陶瓷材料，免去了后续的高温排胶烧结步骤，成形出的陶瓷坯体可直接使用。

史玉升等人采用了选择性激光烧结工艺制备致密陶瓷。他们先将陶瓷粉体包裹黏结树脂，然后逐层铺粉，使用激光选区融化包裹在陶瓷颗粒外表面的树脂，使得粉料黏结，最终得到零件坯体。针对成形后孔隙率高、不致密的特点，将成形坯体进行冷等静压处理，之后高温排胶烧结得到最终陶瓷成品。所得的 Al_2O_3 陶瓷材料接近完全致密（92%），且力学性能与传统制备方法制备的致密 Al_2O_3 陶瓷材料相当。但是，由于该制备过程需要采用等静压，因此一般较难实现中空、特别复杂的形状的制品成形。

Kolan 等人以丙烯酸酯为低熔点高分子黏合剂，使用选择性激光烧结技术制备了孔隙率为 50% 的有机玻璃生物陶瓷支架，经后续高温（675～695℃）烧结后，孔径分布在 300～800μm。Liu 等人使用羟基磷灰石与硅溶胶的混合浆料，利用低熔点硅溶胶黏结陶瓷粉体，制备了羟基磷灰石生物陶瓷坯体，经 1200℃烧结后得到孔隙率 25%～32% 的生物陶瓷材料。值得一提的是，在生物陶瓷材料成形过程中还可以采用具有生物相容性的聚合物作为黏合剂。

4.2.3　金属基粉末

对于粉末床烧结技术来说，其最终的目标之一是直接利用金属粉末烧结成形制品。直接利用金属粉末成形制品，可以实现从原型制造向快速直接制造的转变，具有广阔的发展前景。近几年来，研究人员对其进行了大量的探索，获得了一些成果。目前，金属材料的粉末床烧结方法主要包括直接烧结法和间接烧结法两种。

① 直接烧结法　直接烧结法是指直接使用热光源烧结金属粉末成形零件。直接烧结法中使用的金属粉末一般为单组分金属粉末和多组分金属粉末，主要采用的成形方式为选择性激光熔融或电子束熔融。

对于单组分金属粉末，利用热源将金属粉末加热到稍低于熔点，使金属粉末之间的接触区域发生黏结。但使用该技术成形的制品会出现很明显的球化和聚集现象，该现象会导致烧结得到的制品变形，甚至会出现组织结构多孔，最终制品的密度低，力学性能差。目前，该方法主要用于低熔点的金属，如 Sn、Zn、Pb、Fe、Ni。对于高熔点金属其所要求的成形条件比较苛刻——高激光束功率、保护气环境。

② 间接烧结法　间接烧结法一般采用选择性激光烧结成形方式，其中的金属粉末实际是金属材料与有机黏合剂按一定的比例均匀混合的混合体，再通过激光束对粉末进行烧结。由于有机材料的红外光吸收率高、熔点低，因而激光烧结过程中，有机黏合剂先熔化，将金属颗粒黏结起来。烧结后的零件密度低，强度也不高，需要进一步后处理才能得到所要求的功能件。有机黏合剂与金属粉末的混合方法有以下两种：一是金属与有机树脂的混合粉末，制备简单，但其烧结性能差；二是利用有机树脂包覆金属材料制得的覆膜金属粉末，这种粉末的制备工艺复杂，但烧结性能好，且所含有的树脂比例较小，更有利于后处理。

目前用于选择性激光熔融和电子束熔融的金属粉末见表 4-7 和表 4-8。

表 4-7　典型的选择性激光熔融用金属粉末

材料	特性	应用/行业
钛	耐腐蚀，生物相容性好，热膨胀系数低，强度高，密度低	可应用于医疗、航空航天、汽车、航海、珠宝和设计等
不锈钢	硬度高，耐磨损，耐腐蚀，延展性好	应用于汽车工业、模具制造、海事、医疗、机械工程中
铝	良好的合金化性能，良好的加工性和导电性，低的材料密度和轻金属	适用于航空航天工程、汽车工业、原型建筑等领域，尤其是复杂几何形状的薄壁部件
钴、铬	生物相容性好，硬度非常高，耐腐蚀，强度高，延展性好	可用于医疗和牙科、高温领域，如喷气发动机
镍基合金	良好的可焊性，可淬透性，耐腐蚀性，优异的机械强度	可用于航天工程、高温领域、模具制造

表 4-8 典型的电子束熔融金属粉末

材料	特性	应用/行业
钛	强度高,重量轻,生物相容性好,耐腐蚀	直接制造赛车和航空航天工业,海洋和化学工业以及整形外科植入物和假体的原型
钴、铬	强度高,耐磨损,生物相容,耐高温	广泛用于骨科,航空航天、发电和牙科领域

（1）钛基合金

钛基合金具有比强度高、耐腐蚀性好、耐热性高和良好的生物活性等特点，近年来被广泛应用于航空航天、生物医学、船舶汽车、冶金化工等领域。激光增材制造钛合金具有加工周期短、制造成本低、高柔性化等优点，且成形件具有比锻件更高的强度，在相关领域受到越来越高的重视，甚至在某些国防领域得到应用，所以激光增材制造高性能钛合金的研究有其独特的发展前景和重要意义。

2001 年美国 AeroMet 公司采用增材制造技术为波音公司舰载联合歼击机试制钛合金次承力结构件，如航空翼根吊环，尺寸为 0.9m×0.3m×0.15m，见图 4-22，该构件获准了航空应用。2012 年，西北工业大学采用增材制造技术生产了大飞机 C919 中央翼缘条，是增材制造技术在航空领域应用的典型，该中央翼缘条长达 3m，如图 4-23 所示。

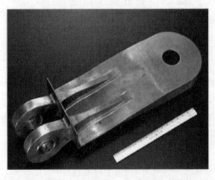

图 4-22 F/A-l8E/F 航空翼根吊环　　图 4-23 C919 飞机钛合金中央翼缘条

国内外对钛基合金选择性激光熔融成形展开了大量研究。李吉帅等以 Ti-6Al-4V 为实验原料，从成形样品的表面形貌、致密度、组织结构、硬度等方面探究了影响选择性激光熔融成形质量的主要因素。研究得出 Ti-6Al-4V 合金选择性激光熔融的优选工艺参数，在此工艺参数下可得到质量较为优良的成形零件。李学伟等使用自制金属粉末成形机，在不同激光工艺参数下制样，测量硬度与致密度，分析试样的成形质量。实验结果表明 TC4 合金选择性激光熔融成形质量与激光密度不呈线性关系。Yadroitsev 等利用 CCD 相机光学监控系统观测到增加激光功率、延长激光辐照时间均会提高熔池的最高温度、几何宽度和深度。

此外，近年来学者将热等静压技术（hot isostatic pressing，HIP）与选择性激光熔融技术配套使用，有效降低成形件的孔隙率。研究表明，通过热等静压处理，能够将孔隙率从沉积态的 0.501% 降低为 0.012%，并能改善合金性能。

Safdar 等试验表明电子束熔融技术制备的 Ti-6Al-4V 的粗糙度 Ra 值随成形件高度和光斑直径增加而增加，随扫描速度和焦点补偿的减小而减小。Karlsson 等采用电子束熔融技术制备的 Ti-6Al-4V 成形件侧面附着有更多的未熔颗粒，顶面由于重熔效应而相对光滑。

开发新型钛基合金是钛合金增材制造应用研究的主要方向。由于钛以及钛合金的应变硬化指数低（近似为 0.15），抗塑性剪切变形能力和耐磨性差，因而限制了其制件在高温和腐蚀磨损条件下的使用。铼（Re）的熔点很高，一般用于超高温和强热震工作环境，如美国 Ultramet 公司采用金属有机化学气相沉积法（MOCVD）制备铼基复合喷管已经成功应用于航空发动机燃烧室，工作温度可达 2200℃。Re-Ti 合金的制备在航空航天、核能源和电子领域具有重大意义。镍（Ni）具有磁性和良好的可塑性，因此 Ni-Ti 合金是常用的一种形状记忆合金。Ni-Ti 合金具有伪弹性、高弹性模量、阻尼特性、生物相容性和耐腐蚀性等性能。Habijan 等采用选择性激光熔融技术制造了多孔 Ni-Ti 形状记忆合金，用于运载人体间充质干细胞，以促进骨缺陷再生。实验研究发现，在不同孔隙率 Ni-Ti 试样上培育该细胞 8 天后，细胞仍然保持生物活性。

另外，钛合金多孔结构人造骨的研究日益增多，日本京都大学通过 3D 打印技术给 4 位颈椎间盘突出患者制作出不同的人造骨并成功移植，该人造骨即为 Ni-Ti 合金。

（2）铁基合金

铁基合金是工程技术中用量最大、最重要的金属材料，因此铁基粉末的选择性激光熔融技术是研究最深入、最广泛的合金类型。

李瑞迪等采用不同的工艺参数（激光功率、扫描速度、扫描间隔、铺粉层厚）对 304L 不锈钢粉末进行了选择性激光熔融成形实验，对成形件的密度和微观组织进行了分析。实验结果表明：高的激光功率、低的扫描速度、窄的扫描间隔和小的铺粉层厚有利于成形件的致密化。

华中科技大学王黎以 316L 不锈钢（AISI316L）粉末为实验原料，以自制 HRPM-Ⅱ设备（图 4-24）为实验平台对选择性激光熔融成形零件的表面粗糙度、尺寸精度、致密度、力学性能进行了实验研究，并对选择性激光熔融技术成形模具的初步应用进行了研究，为选择性激光熔融成形零件的工程应用奠定了基础。HRPM-Ⅱ设备参数如表 4-9 所示。

图 4-24　HRPM-Ⅱ设备

表 4-9　HRPM-Ⅱ设备参数

型号	HRPM-Ⅱ
成形空间($L \times W \times H$)/mm	$320 \times 320 \times 440$
激光器功率与类型	100W 连续模式光纤激光器
激光扫描方式	二维振镜聚焦
激光最小光斑直径/mm	0.03
激光最大扫描速度/(m/s)	5
成形速度/(mm^3/h)	≥7000
金属粉末铺粉层厚/μm	50～100
送粉方式	双缸漏粉

（3）铝基合金

铝是地球上存储量仅次于铁的第 2 大金属元素，纯铝的密度小，只有铁密度的 1/3，熔点低，且铝是面心立方结构，因此它的可塑性强，可以根据需要制成多种形状的材料，同时铝合金的抗腐蚀性能、导热导电性能和强度较好。铝及铝合金的特点为其广泛应用奠定了基础。现如今，铝合金是工业材料中使用最广泛的有色金属之一，并在航空航天、汽车、船舶、机械制造等方面得到大规模使用。

目前市场上可供选用进行增材制造的铝合金粉末有：AlSi10Mg、AlSi12、6061、7050 和 7075。在合金中的 Al、Si 和 Mg 等金属元素在铸造过程中可组合形成共晶化合物使得材料的力学性能提高，并且制造成本也有所降低。同时铝合金液相线与固相线之间的温差范围很小，更利于激光加工。但是要得到性能优良的铝合金选择性激光熔融 3D 打印制件，有如下难点：铝合金容易氧化，需要严格的保护气环境；铝合金对激光有高反射性，自身也有高导热性，采用高功率激光快速扫描可一定程度上缓解这个问题；相对于不锈钢、钴铬合金等金属，铝合金粉末密度低，自重比小，造成铺粉时的初装密度低；在选择性激光熔融高能束激光扫描时容易冲击松堆粉末，影响成形致密度。

在 Kempen 等的试验中，改变粉末形状、粒径大小和成分配比对成形质量有很大的影响，同时可以通过优化工艺参数来获得更加致密的成形制件与较好的制件表面粗糙度。李亚丽等利用模型分析了铝合金在激光增材制造过程中的温度场的变化情况，得出了激光功率和扫描速率对熔池尺寸大小的影响规律，同时模拟得出激光功率对熔池冷却速度影响很小，而扫描速度对其影响较大，但在层厚增加时，熔池在垂直于基体表面方向的温度梯度则与上述规律相反。Simchi 等在研究 Al-7Si-0.3Mg 成形过程中加入增强颗粒 SiC，结果表明当 SiC 颗粒体积分数较低时，制件成形时的致密化速率符合一阶动力学公式并且速率常数有所增加，但当 SiC 颗粒体积分数超过 5% 时，速率常数急剧降低。同时在加入增强颗粒 SiC 后，熔体成形轨迹更加稳定，可以获得连续的成形界面。

AlSi12 也是常使用的合金粉末，Shafaqat Siddique 等利用 AlSi12 合金进行激光增材制造研究，试验结果表明裂纹生长行为和疲劳行为可以对通过基板预热进行有效控制。康南等使用共晶 AlSi12 与纯 Si 粉末的混合物进行激光增材制造，结果发现 Si 相的尺寸和形态受到激光功率的影响，激光功率过高时铝会在重熔过程中严重蒸发。

德国亚琛工业大学的 Buch-binder D 等采用高功率激光成形了致密度达 99.5%、抗拉强度达 400MPa 的铝合金零件。英国利物浦大学的 Elefterios 等对 SLM 成形铝合金过程中氧化铝薄膜产生的机理进行了分析，其中重点说明了氧化铝薄膜对熔池与熔池层间润湿特性的影响规律。

国内张冬云等学者认为不同的铝合金粉末具有不同的加工阈值，为获得完全致密的铝合金零件提供了可能；同时分析了铝合金选择性激光熔融制造中铺粉性能和表面性能差的原因。白培康等人认为选择性激光熔融制造铝合金产生的结晶球化现象是因为铝合金对光的反射性较强造成的。综上所述，国内外在选择性激光熔融成形铝合金中的氧化、残余应力、孔隙缺陷及致密度等问题上有一定的进展和研究。

（4）钴铬合金

钴铬合金是钴、铬和其他合金材料混合物的金属合金。钴铬合金是1907年由海恩斯国际公司的创始人 Haynes 首次提出。随后的工作中，Haynes 将钨和钼确定为钴铬系统中的强力增强剂，并于1912年底获得这些合金的专利。

钴铬合金因为其生物相容性优良、耐疲劳性强、机械强度高以及价格经济成为我国目前应用最广的口腔用合金材料之一。钴铬合金最早应用于移植医学，作为制作人工髋关节的材料，其生物相容性良好。近些年来由于镍、铍、铝、钒的毒性逐渐为人们所重视，而不含镍、铍等元素的钴铬合金以其良好的生物相容性、金瓷结合性及耐腐蚀性成为了目前临床应用最广泛的非贵金属烤瓷合金。然而口腔修复体的传统熔模铸造加工方法已无法满足医生和患者们对于实现快速化、个性化口腔修复治疗的要求。粉末床熔融增材制造作为一种新型金属加工技术能够克服传统技术存在的不足，明显提高口腔修复体的制作效率及质量。

许建波等系统研究了选择性激光熔融及热处理工艺对钴铬合金组织与性能的影响。通过设计正交实验，利用 EOS M290 选区激光熔化设备，优化钴铬合金成形的工艺参数，并对钴铬合金的显微组织结构、物相组成及力学性能进行观察与测试。实验得出了最佳工艺参数，在最佳工艺参数下致密度可达到99.18%。

李小宇等研究对比3D打印和铸造钴铬合金的耐蚀性及腐蚀对其力学稳定性的影响。采用选择性激光熔融技术和传统铸造技术共制作钴铬合金试件72个，根据是否腐蚀采用随机数字法随机平均分为12组（每组6个），各组用于不同的测试并进行腐蚀。实验结果表明选择性激光熔融成形的钴铬合金较铸造钴铬合金耐蚀性更优；前者拉伸强度、弯曲强度的稳定性均大于后者，两者的维氏硬度稳定性相当。

4.3　粉末床熔融成形的影响因素

影响粉末床熔融成形制品质量的因素包括粉末特性和以粉末特性匹配最佳的工艺参数，如激光功率、扫描速度、扫描间距、铺粉厚度、扫描路径等。

4.3.1　工艺参数

（1）扫描能量密度

目前在国内外的粉末床熔融成形技术的应用和研究中，所采用的激光器包括 CO_2 气体激光器、Nd-YAG 激光器、光纤激光器。对于选择性激光熔融成形设备，CO_2 激光器采用气体作为工作介质，因此激光器体积较大，不宜设置在产品化的选择性激光熔融成形设备当中。另外 CO_2 的激光波长较长，为 10640nm，金属材料对激光的吸收率与激光的波长成反比，所以金属材料对 CO_2 激光的吸收率较低。Nd-YAG 激光器能够产生较小波长（1064nm）的激光，但其光斑尺寸较大，因此对选择性激光熔融成形件的尺寸精度有所限制。光纤激光器与上述传统激光器比较，其体积小、重量轻、方便设备集成、寿命长、输出稳定、光束质量好，被广泛认为是适合选择性激光熔融制造的新一代激光器。

粉末床熔融成形技术设备的核心部分是激光器/电子束，而目前在激光器选用上，要解决的关键问题是如何进一步提高激光的光束质量和响应速度，在较小光斑的前提下，单位面积内的激光能量的提高意味着可以达到更高的扫描速度和表面精度，加工效率也会随之提高。

扫描功率（即激光功率）是指连续运转激光器/电子枪单位时间内的输出能量，通常以 W 为单位。电子束功率与电子束电流和加压电压有关。选择性激光熔融设备的最大激光功率大于选择性激光烧结设备的激光功率。在一定的扫描速度下，激光功率越大，烧结的温度越高。

扫描速度是影响激光作用于材料的时间因素。在一定的激光功率和激光光斑直径下扫描速度低，烧结时间长，烧结的温度相对较高，一般会不同程度地促进烧结。但是过慢的烧结速度必然导致温升过高，使烧结材料发生质变，影响到烧结体的致密性。相反烧结速度过快，会导致烧结温度梯度增大，温升不均匀，不利于黏性流动和颗粒重排，同样影响烧结成形质量。因此在烧结过程中与激光功率一样，扫描速度对烧结温度影响较大。

扫描能量密度由扫描功率和扫描速度共同决定。扫描能量密度是影响粉末床熔融成形的关键工艺参数，直接关系到能否成形，并影响成形件的致密度和机械强度。在一定扫描速度下，适当增大输入功率即增大了单位扫描区域内的激光能量密度，从而熔化更多的粉末和上一层的粉末表面，获得更大的熔池深度和熔池宽度。另外，更高的输入能量密度使得液相粉末的黏度降低，熔池液相粉末更加容易铺展，这些都有助于降低熔池液相与固相的接触角，从而抑制球化效应的产生。在一定输入功率下扫描速度的减小也会使单位扫描区域内的激光能量密度增大，从而加大熔池深度和熔池宽度，降低熔池液相粉末的表面张力。

激光束/电子束对粉末材料的烧结温度主要取决于两个因素：扫描束的扫描速度以及扫描器的输出功率，两者的匹配关系至关重要。对工艺参数进行优化找到最优的工艺参数以提高零件精度，并从硬件和软件两方面对工艺参数进行补偿，这是快速成形技术的发展方向。

（2）扫描间距

扫描间距是指相邻烧结线的中轴线间的距离。扫描间距的变化影响激光能量在粉层表面的分布，能量分布的变化影响烧结件的质量。扫描间距对烧结成形的影响可用重叠系数来表示。当重叠系数小于零时，激光束彼此分离，激光能量分布存在间隔，两条扫描线之间必存在未烧结的粉末，这样烧结线之间各自独立，不能互相黏连和形成烧结面。只有当重叠系数大于零时，烧结线之间才能连成面片，但重叠量较小时，激光总能量分布还不均匀，呈现波峰和波谷，两条扫描线之间仍存在部分未烧结的粉末，烧结线之间的黏结界面较小，烧结层之间存在未熔化粉末，烧结强度与零件致密度均受到影响；只有当重叠系数大于一定值时，相邻激光束的能量重叠后，总能量分布基本均匀，烧结线之间不存在未熔化的粉末，这样烧结线之间才能形成牢固的黏结。但在实际加工中，为保证加工层面之间和烧结线之间的牢固黏结，常采用重叠系数大的扫描间距，这样可以提高成形面片的平整度和烧结体的致密度。重叠系数的增大虽对烧结件表面质量以及力学性能均有明显提高，但也有不利影响，增大重叠系数会降低生产率，同时会引起烧结成形件的翘曲变形，甚至开裂。

因此，扫描间距的选择应同时兼顾烧结件的精度、力学性能和成形效率等要求。综合以上因素及实际检验，当烧结材料、激光波长、扫描系统确定后，吸收率为定值，扫描间距可通过选择合适的激光束模式、合理的光路系统以及良好的聚焦透镜控制为常数。

（3）烧结深度

在选择性激光烧结工艺中，铺粉厚度并非完全均匀，烧结深度随着铺粉厚度的变化而变化，就要求在激光烧结中对铺粉厚度进行实时测量，并以测量值作为反馈值来控制扫描系统（扫描速度和激光功率）。但实际烧结深度是激光束和材料在某段时间内相互作用的结果，激光功率的波动、材料热力学性能的变化都能导致烧结深度的变化，根本无法预先精确确定。并且层厚变化微小，对铺粉厚度进行实际测量是不现实且不必要的。理想的烧结深度，既要完成粉末的单层烧结，又要实现层与层间的搭接；既要考虑致密烧结，又要防止过烧。从理论上讲，烧结深度应大于铺粉层厚。

（4）铺粉层厚

在确定激光功率等参数后，需确定铺粉层厚。当铺粉厚度过低时，激光作用于金属粉末的过程中，粉末量较少导致熔池铺展不均匀，进而使扫描线表面产生孔隙及扫描线不连续等现象；当铺粉厚度过大，激光作用于金属粉末的熔池深度有限，不能熔化全部粉末，底部的金属粉末不能和基板充分冶金结合，因此成形质量偏低，甚至会由于因与基板黏连不牢而打印失败。最佳铺粉厚度要在综合考虑粉材的性能、颗粒度、成形质量及加工效率的基础上确定。

（5）扫描路径

在粉末床熔融成形技术中，零件是靠激光束或电子束逐层扫描粉末材料固化成形的。在由点到线、由线到面、由二维到三维的逐层积累过程中，扫描系统要做大量的扫描工作，合理规划扫描路径对提高烧结成形效率具有重要意义。另外，成形过程中的收缩、翘曲变形等严重影响成形件的形状和尺寸精度。因此，如何尽可能减小成形过程中的变形，也是规划扫描路径过程中必须考虑的问题。

目前，国内外生产的选择性激光烧结快速成形系统几乎都采用三维振镜扫描动态聚焦系统，它用两个偏振镜来控制扫描线的扫描位置。与扫描路径密切相关的参数如下。

① 扫描矢量　激光在工作场中扫描的小段直线。此过程中振镜偏振，激光开启。

② 空跳矢量　两个扫描矢量间不需烧结时必须有一个空跳。此过程中振镜偏振，激光关闭。

③ 激光开关延时　产生激光的电脉冲对指令的时间延时，其大小与扫描速度相关联。激光开关延时在每个扫描矢量中都存在，不论该矢量的起始点是否有抬笔或落笔指令。

④ 空跳延时　通常在空跳矢量的末端，延时一般较大。

⑤ 笔扫描延时　把一系列可首位相连的扫描矢量称为一笔。笔扫描延时是指扫描一笔的矢量后，在扫描下一笔矢量或空跳矢量开始之前的一段时间。一个合理的扫描路径应当能尽量减少空跳矢量和激光器的启停次数。

在增材制造（Additive Manufacturing）众多工艺参数中，扫描路径的研究一直是个热点问题。快速成形工艺的扫描填充方式主要分为三大类：平行线扫描方式、折线扫描方式和复合扫描方式。平行线扫描方式和折线扫描方式为基础扫描方式。

① 平行线扫描方式

a. 光栅式扫描方式。光栅式扫描方式中激光光斑沿 X 轴或者 Y 轴平行往复扫描，如图 4-25 所示，这种扫描方式最常见。每一台选择性激光熔融设备中都有此种扫描路径可供选择。其优点在于简单，易于实现；其缺点在于每加工层上的扫描方向相同，同一方向上的扫描意味着整个加工层上的收缩方向一致，成形零件容易产生翘曲变形，收缩方向的一致性也将导致成形件强度各向异性，当加工有内部型腔的零件时，激光器需要频繁开关，缩短激光器的使用寿命，降低整个选择性激光熔融成形设备的加工效率。

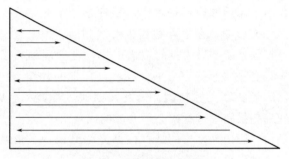

图 4-25　光栅式扫描方式

b. 分区扫描方式。分区扫描是为了规避扫描线过长的一些缺点而提出的。该扫描方式将切片轮廓划分成很多个子区域，在各个子区域中分别采用光栅式的扫描方式填充，如图 4-26 所示。分区扫描方式可以明显减少激光跨越截面内部型腔的空行程，该扫描方式方便快捷，是目前选

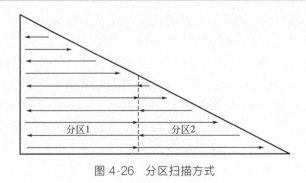

图 4-26　分区扫描方式

择性激光熔融成形工艺中最常使用的一种扫描填充方式。但是这种扫描方式由于分区较多，容易在各分区间的搭接处形成拼接缝，如果处理不好拼接问题，将使成形件的强度变低。一旦各分区间的拼接难题被克服，该扫描方式将会在更大程度上被应用。

除此之外，还有星形发散扫描。星形发散扫描方式是将切片轮廓从中心划分成两部分，先后从中心向外利用 45°斜线，或平行于 X 轴或 Y 轴扫描线填充划分出的两个部分。这种方式虽然在一定程度上能减小加工件翘曲变形，但也具有平行线填充的固有缺陷，对于不规则切片形状的算法也比较复杂。

② 折线扫描方式

a.螺旋线扫描方式。按照螺旋线和切片形状生成扫描路径，螺旋线扫描方式遵循加工成形时热传递变化规律，可克服平行线扫描方式导致的成形件内部组织形态各向异性的缺点。螺旋线扫描方式又可以根据不同的扫描方向，分为内螺旋扫描方式和外螺旋扫描方式，如图 4-27 所示。其优点在于：遵循热传递变化规律，采用螺旋线扫描填充方式，激光辐射产生的能量均匀分布在成形件上，温度场比较均匀，因此削弱了

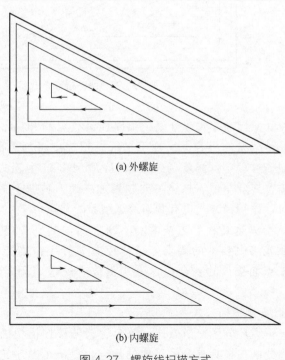

(a) 外螺旋

(b) 内螺旋

图 4-27 螺旋线扫描方式

加工过程中产生的应力以及冷却过程中产生的残余应力，减小零件的翘曲变形，提高成形件的成形精度和强度。其缺点在于：和光栅式扫描方式一样，对于有内部型腔的截面，激光需要频繁跨越型腔。

b. 轮廓偏移扫描方式。轮廓偏移扫描方式指沿着平行于轮廓边界的等距线形成的扫描链逐条扫描加工，即扫描线为轮廓的等距线，如图 4-28 所示。其优点在于：因为在连续不断的扫描中扫描线不断地改变方向，使得由于膨胀和收缩而引起的应力分散，利于加工过程的进行；激光不会产生空行程，不需要频繁启停激光器，延长了激光器的使用寿命，提高了设备的加工效率。其缺点在于：对于轮廓形状很不规则的加工层，对内外轮廓的偏移很容易产生自相交、孤岛和环相交等很难处理的现象。另外偏移算法容易遗留未被填充的区域，影响成形件的强度。复杂的轮廓偏移算法导致生成扫描线的时间周期较长，影响加工速度。

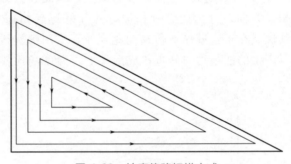

图 4-28　轮廓偏移扫描方式

c. 分型扫描方式。分型扫描路径具有全局和局部相似性，把加工平面看成是分型的集合，区别于平行线扫描中将加工面看成是线的集合。分型扫描过程中，温度场分布均匀，减小了产生翘曲变形的可能。但是该扫描方式效率低、振镜需要频繁加减速、精度不高，当加工件有内部型腔时，该扫描方式也有频繁跨越型腔的缺点。

随着快速成形工艺技术的不断发展，基础扫描方式已不能满足选择性激光熔融技术的要求，综合考虑平行线扫描方式和折线扫描方式的优缺点而提出的复合扫描方式正被广泛地应用于选择性激光熔融工艺中。

③ 复合扫描方式

a. 轮廓环分区扫描方式。综合轮廓偏移扫描精确度高且符合热传导规律和分区扫描具有高效稳定的优点，提出了基于轮廓环扫描和分区扫描相结合的轮廓环分区扫描方式。该填充方式将复杂的截面形状分割成一个个形状规则的子区域，便于子区域采用轮廓偏移的扫描方式填充。该扫描方式既有效避开了轮廓偏移扫描复杂的环相交处理问题，又避免了分区变向扫描精度与易产生翘曲变形的问题，是当前扫描研究中一种较好的扫描策略。

b.组合扫描方式。当加工某一截面时，先将该截面形状分成一个个的子区域。在各子区域中分别采用不同的基本扫描填充方式，然后各子区域按照一定的顺序逐个进行扫描加工。组合扫描方式通常采用遗传算法来获得各子区域的填充顺序和填充所采用的基本扫描方式。通过这一算法搜寻最优解的基本扫描方式的排列组合，以此在选择性激光熔融加工实践中能获得最均匀的温度场，减小加工件翘曲变形的可能性。组合扫描方式的具体实现方式如图 4-29 所示。

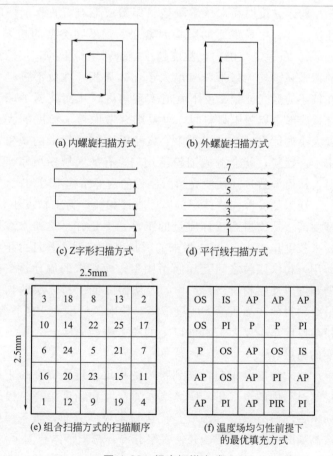

图 4-29　组合扫描方式

　　德国 EOS 公司的选择性激光熔融成形设备将一种叫 chessrotlx 的复合扫描填充方式实际应用于加工实践中，并取得了良好的加工效果。首先所有区域划分成若干个扫描子区域，相邻子区域之间的扫描线相互垂直。子区域的填充顺序为相同扫描方向的一起填充，待一种扫描方向的填充线扫描完成后再进行下一种扫描方向的填充。各子扫描区域之间的扫描区域有一定的搭接，间隙最后扫描。这种扫描方式有利于在大型选择性激光熔融成形件的成形过程中形成均匀的温度场，有效减少加工过程产生的热应力，利于加工成形，提高力学性能。

4.3.2　粉末特性

（1）粉末粒度及分布

　　粉末粒度对粉末床熔融增材制造成形有着直接的影响，是激光选择性烧结过程中最重要的影响因素之一。不同类型的粉末，粒度范围 $1 \sim 40\mu m$。在一定范围内，粒度越小，越利于粉末的直接熔融成形。小粒度的粉末易于均匀成形，且增大了比表面积，在成形过程中易于熔融，即在较小的激光能量密度下就能实现熔融，从而减弱了球化效应。但是在选择成形金属粉末材料时，也要综合考虑粉末粒度的大小，因为粉末粒度太小的话在铺粉过程当中会发生粘在铺粉辊上的现象，这样成形过程中不易铺粉，就会造成铺粉不均匀，有的区域粉层厚，有的区域粉层较薄，从而导致选择性激光熔融制件的内部结构不均匀。

　　粉末的粒度与烧结层的厚度直接相关。粉末粒度小，则粉末层均匀，密度高，从而得到较好质量的工件。但是并不是粉末粒度越小越好，当粉末粒度小于 $1\mu m$ 时，粉末的形状很难控制，并且由于各微粒之间相互作用，粉末颗粒之间互相吸引团聚，使粉末的流动性变差，加大了铺粉的难度或使喷粉时出粉不均匀，从而降低了粉末层的均匀性与密度，使最终制得的产品质量大幅度下降。粉末的粒度大小还直接影响粉层厚度，粉层厚度至少要大于两倍以上的粉末颗粒直径，否则不可能铺出均匀密实的粉层。

　　粉末粒度分布会影响到粉末的松堆密度。提高粉末松堆密度有利于烧结过程中的致密化，使烧结体的密度和强度提高。提高粉末流动性和粉末密度最有效的方法就是优化粉末粒度分布，将各组分金属粉末粒度按高斯分布进行匹配，并使多组分混合粉末整体粒度呈双峰分布。

　　因此，烧结成形实际使用的金属粉末并不要求粉末颗粒尺寸一致，而是希望粉末粒度大小不一，按一定的比例进行尺寸匹配。对于球形粉末颗粒而言，大小粉末颗粒尺寸之间的关系如下：

$$2R^2 = (R+r)^2 \qquad\qquad (4\text{-}2)$$

$$r/R \approx 0.414$$

式中　R——粗粉末颗粒圆球半径；

　　　r——细粉末颗粒圆球半径。

从式中可知，小颗粒和大颗粒尺寸并不是固定不变的，但它们之间的比值应保持一个常数，这样的粉末颗粒尺寸配比有利于烧结成形过程中材料的熔融。

（2）粉末颗粒形状

粉末颗粒形状影响粉末的流动性，粉末流动性的好坏会影响到加工过程的铺粉是否均匀。粉末的流动性主要受颗粒间的作用力控制，这些作用力受颗粒特征和环境条件影响。颗粒间的作用力来源于摩擦，摩擦力取决于材料，也取决于颗粒表面接触的数量。相邻颗粒间接触越多，颗粒间摩擦越大，流动性越低。球形颗粒的流动性要好于不规则颗粒，因为两个球之间的接触只是一个点，而不规则颗粒间的接触则为一个真实的面。

研究表明，粉末的颗粒形状对选择性激光熔融的单道扫描本身没有影响。徐仁俊对水雾化的不规则 316L 不锈钢粉末和气雾化的球形 316L 不锈钢粉末采取同样的激光功率和扫描速度分别进行单道扫描实验，实验结果表明两种 316L 不锈钢粉末的单道扫描轨迹无明显区别，四条扫描线都为连续直线状，中间无断裂，且无球化效应的现象。即在激光能量密度足够大时，粉末的颗粒形状不影响 SLM 的单道扫描质量。

激光扫描前加工粉层若铺粉不均匀，会导致扫描区域内各部分的金属熔化量不均，熔池发展不均匀，进而使成形件的组织结构不均匀，即部分区域结构致密，而另外的区域可能出现缝隙。在单道扫描时不存在铺粉的影响，但在多层加工中则存在铺粉状况影响的问题。

徐仁俊又通过实验研究粉末的颗粒形状对 SLM 成形的致密情况的影响。实验结果表明在粒径相同的情况下发现水雾化的不规则 316L 不锈钢粉末成形制件的致密度在 80% 左右，而气雾化的球形 316L 不锈钢粉末成形制件的致密度在 90% 以上，即得出结论球形颗粒粉末相对不规则的颗粒粉末更有利于 SLM 制件的致密化。水雾化与气雾化的 316L 不锈钢粉末的微观形貌如图 4-30 所示。

(a) 水雾化

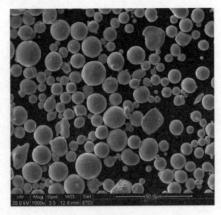
(b) 气雾化

图 4-30　316L 不锈钢粉末的微观形貌

参考文献

[1]　J-P. Kruth, Mercelis P, Vaerenbergh J V, et al. Binding mechanisms in selectivelaser sintering and selective laser melting[J]. Rapid Prototyping Journal, 2005, 11 (1): 26-36.

[2]　Lee J Y, An J, Chua C K. Fundamentals and applications of 3D printing for novel materials [J]. Applied Materials Today, 2017, 7: 120-133.

[3]　Yap C Y, Chua C K, Dong Z L. An effective analytical model of selective laser melting [J]. Virtual & Physical Prototyping, 2016, 11 (1): 21-26.

[4]　Yap C Y, Chua C K, Dong Z L, et al. Review of selective laser melting: Materials and applications[J]. Applied Physics Reviews, 2015, 2 (4): 518-187.

[5]　Kok Y H, Tan X P, Loh N H, et al. Geometry dependence of microstructure and microhardness for selective electron beam-melted Tiâ "6Alâ" 4V parts[J]. Virtual & Physical Prototyping, 2016, 11 (3): 183-191.

[6]　Tan X, Kok Y, Wei Q T, et al. Revealing martensitic transformation and α/β interface evolution in electron beam melting three-dimensional-printed Ti-6Al-4V [J]. Sci Rep, 2016, 6: 26039.

[7]　Krishna B V, Bose S, Bandyopadhyay A. Fabrication of porousNiTi shape memory alloy structures using laser engineered net shaping [J]. Journal of Biomedical Materials Research Part B Applied Biomaterials, 2010, 89B (2): 481-490.

［8］　徐顺利. 快速成形的生产工艺及关键技术[J]. 制造业自动化, 2000, 22（8）: 4.

［9］　郭瑞松, 齐海涛, 郭多力, 等. 喷射打印成形用陶瓷墨水制备方法[J]. 无机材料学报, 2001, 16（6）: 1049-1054.

［10］　张剑峰, 沈以赴, 赵剑峰, 等. 激光烧结成形金属材料及零件的进展. 金属热处理, 2001, 26（12）: 1-4.

［11］　王雪莹. 3D打印技术与产业的发展及前景分析[J]. 中国高新技术企业, 2012, 26（55）: 3-5.

［12］　Kim K B, Kim J H, Kim W C, et al. Evaluation of the marginal and internal gap of metal-ceramic crown fabricated with a selective laser sinteringtechnology: two and three dimensional replica techniques [J]. Journal of Advanced Prosthodontics, 2013, 5（2）: 179-186.

［13］　李鹏, 熊惟皓. 选择性激光烧结的原理及应用[J]. 材料导报, 2002, 16（6）: 55.

［14］　Rosochowski A, Matuszak A. Rapid tooling: the state of the art[J]. Mater Proces Tech, 2000, 106: 191.

［15］　张渤涛, 郝斌海, 卢宵, 等. 选择性激光烧结技术的特点及在磨具制造中的应用[J]. 锻压技术, 2005.（03）: 8.

［16］　Mazzoli A. Selective laser sintering in biomedical engineering[J]. Medical & biological engineering & computing, 2013, 51（03）: 245-256.

［17］　潘琰峰, 沈以赴, 顾冬冬, 等. 选择性激光烧结技术的发展现状[J]. 工具技术, 2004, 38（6）: 3-7.

［18］　Lind J E, Kotila J, T Syvänen, et al. Dimensionally Accurate Mold Inserts and Metal Components by Direct Metal Laser Sintering[J]. Mrs Online Proceedings Library Archive, 2000: 625.

［19］　郭洪飞, 高文海, 郝新, 等. 选择性激光烧结原理及实例应用[J]. 新技术新工艺, 2007（6）: 60-62.

［20］　杨洁, 王庆顺, 关鹤. 选择性激光烧结技术原材料及技术发展研究[J]. 黑龙江科学, 2017, 8（20）: 30-33.

［21］　刘红光, 杨倩, 刘桂锋, 等. 国内外3D打印快速成形技术的专利情报分析[J]. 情报杂志, 2013, 32（6）: 40-46.

［22］　宫玉玺, 王庆顺, 朱丽娟, 等. 选择性激光烧结成形设备及原材料的研究现状[J]. 铸造, 2017, 66（3）: 258-262.

［23］　杨永强, 王迪, 吴伟辉. 金属零件选区激光熔化直接成形技术研究进展（邀请论文）[J]. 中国激光, 2011, 38（06）: 54-64.

［24］　曹冉冉, 李强, 钱波. SLM快速成形中的支撑结构设计研究[J]. 机械研究与应用, 2015, 28（03）: 69-71.

［25］　杨永强, 刘洋, 宋长辉. 金属零件3D打印技术现状及研究进展[J]. 机电工程技术, 2013（4）: 1-7.

［26］　杨佳, 郭洪钢, 谭建波. 选择性激光熔融技术研究现状及发展趋势[J]. 河北工业科技, 2017, 34（04）: 300-305.

［27］　刘强. 选择性激光熔融设备和工艺研究[D]. 武汉: 华中科技大学, 2007.

［28］　黄卫东. 材料3D打印技术的研究进展[J]. 新型工业化, 2016, 6（3）: 53-70.

［29］　汪飞, 李克, 曹传亮, 等. 选择性激光烧结成形材料研究现状及展望[J]. 铸造技术, 2017（6）: 1258-1262.

［30］　史玉升, 闫春泽, 魏青松. 选择性激光烧结3D打印用高分子复合材料[J]. 中国科学, 2015（45）: 204-211.

［31］　余冬梅, 方奥, 张建斌. 3D打印材料[J]. 金属世界, 2014（5）: 6-13.

［32］　何敏, 乌日开西·艾依提. 选择性激光烧结技术在医学上的应用[J]. 铸造技术, 2015, 36（7）: 1756-1759.

［33］　李振华, 王桂华. 3D打印技术在医学中的应用研究进展[J]. 实用医学杂志, 2015（31）: 1203-1205.

［34］　何岷洪, 宋坤, 莫宏斌. 3D打印光敏树脂

的研究进展[J]. 功能高分子学报，2015（3）：102-108.

[35] 王小萍，程炳坤，贾德民. 选择性激光烧结用聚合物粉末材料的研究进展[J]. 合成材料老化与应用，2016，45（3）：108-113.

[36] Yan C, Shi Y, Hao L. Investigation into the differences in the selective laser sintering between amorphous and semi-crystalline polymers [J]. International polymer processing, 2011, 26（4）: 416-423.

[37] HO HC H, GIBSONI, CHEUNG W L. Effects of energy density on morphology and properties of selective laser sintered polycarbonate [J]. J. Mater. Process. Technol., 1999, 89-90: 204-210.

[38] HO HC H, CHEUNG W L, GIBSONI. Morphology and properties of selective laser sintered bisphenol-A polycarbonate [J]. Ind. Eng. Chem. Res., 2003, （9）: 1850-1862.

[39] HO HC H, CHEUNG W L, GIBSONI. Morphology and properties of selective laser sintered bisphenol-A polycarbonate [J]. Ind. Eng. Chem. Res., 2003, （9）: 1850-1862.

[40] SHI Y S, CHENJ B, WANG Y, et al. Study of the selective laser sintering of polycarbonate and postprocess for parts reinforcement[J]. Proc. Inst. Mech. Eng. Part L J. Mat. Des. Appl., 2007, 221: 37-42.

[41] 汪艳，史玉升，黄树槐. 聚碳酸酯粉末的选择性激光烧结成形[J]. 工程塑料应用，2006（34）：34-36.

[42] 汪艳. 后处理工艺对聚碳酸酯激光烧结件性能的影响[J]. 中国塑料，2011（25）：65-67.

[43] 李志超，甘鑫鹏，费国霞，等. 选择性激光烧结 3D 打印聚合物及其复合材料的研

究进展[J]. 高分子材料科学与工程，2017，33（10）：170-174.

[44] 吴琼，陈惠，巫静，等. 选择性激光烧结用原材料的研究进展[J]. 材料导报，2015（S2）：78-83.

[45] ZHENG H, ZHANG J, LUS, et al. Effect of core-shell composite particles on the sintering behavior and properties of nano-Al_2O_3/polystyrene composite prepared by SLS [J]. Mater. Lett., 2006, 60: 1219-1223.

[46] SHI Y S, WANG Y, CHENJ B, et al. Experimental investigation into the selective lasersintering of high-impact polystyrene[J]. J. Appl. Polym. Sci., 2008, 108（1）: 535-540.

[47] 闫春泽，史玉升，杨劲松，等. 高分子材料在选择性激光烧结中的应用——（Ⅰ）材料研究的进展[J]. 高分子材料科学与工程，2010，26（7）：170-174.

[48] Gentile P, Chiono V, Carmagnola I, et al. An overview of poly（lactic-co-glycolic）acid（PLGA）-based biomaterials for bone tissue engineering[J]. International journal of molecular sciences, 2014, 15（3）: 3640-3659.

[49] Bai J, Goodridge R D, Hague R J M, et al. Processing and characterization of a polylactic acid/nanoclay composite for laser sintering[J]. Polymer Composites, 2015.

[50] Shuai C, Yang B, Peng S, et al. Development of composite porous scaffolds based on poly（lactide-co-glycolide）/nano-hydroxyapatite via selective laser sintering [J]. The International Journal of Advanced Manufacturing Technology, 2013, 69（1-4）: 51-57.

[51] Xia Y, Zhou P, Cheng X, et al. Selective laser sintering fabrication of nano-hydroxyapatite/poly-ε-caprolactone scaf-

folds for bone tissue engineering applications[J]. International journal of nanomedicine, 2013, 8: 4197.

[52] Dupin S, Lame O, Barries C, et al. Microstrueturaloriginofphysicaland mechanical properties of polyamide12 processed bylaser sintering[J]. European Polymer Journa, 2012, 48（9）: 1611-1621.

[53] Salmoria G V, Paggi R A, Lago A, el al. Microstructural and mechanical characterization of PA12/MWCNTs nanocomposite manufactured by selective laser sintering[J]. Polymer Testing, 2011, 30（6）: 611-615.

[54] Kenzari S, Bonina D, Dubois J M, et al. Quasicrystal-polymer Composites for Selective Laser Sintering Technology [J]. Materials & Design, 2012, 35: 691-695.

[55] Prashant K J, Pandey P M, Rao P M. Selective laser sintering of clay-reinforced polyamide[J]. Polym Compos, 2010, 31（4）: 732.

[56] Salmoria G V, Leite J L, Ahrens C H, et al. Rapid manufacturing of PA/HDPE blend specimens by selective laser sintering: microstructural characterization [J]. Polymer Testing, 2007, 26（3）: 361-368.

[57] 任乃飞, 罗艳, 许美玲, 等. 激光能量密度对尼龙 12/HDPE 制品尺寸的影响[J]. 激光技术, 2010, 34（04）: 561-564.

[58] Salmoria G V, Ahrens C H, Klauss P, et al. Rapid manufacturing of polyethylene parts with controlled pore size gradients using selective laser sintering[J]. Materials Research, 2007, 10（2）: 211-214.

[59] Hao L, Savalani M M, Zhang Y, et al. Effects of material morphology and processing conditions on the characteristics of hydroxyapatite and high density polyethylene biocomposites by selective laser sintering[J]. Proceedings of the Institution of Mechanical Engineers, Part L: Journal of Materials Design and Applications, 2006, 220（3）: 125-137.

[60] 宋发成, 刘元义, 王橙, 等. 3D 打印技术在陶瓷制造中的应用[J]. 山东理工大学学报（自然科学版）, 2018, 32（05）: 11-16.

[61] Su H J, Zhang J, Liu L, et al. Rapid growth and formation mechanism of ultrafine structural oxide eutectic ceramics by laser direct forming[J]. Appl Phys Lett, 2011, 99（22）: 221-913.

[62] Su H J, Zhang J, Deng Y F, et al. Growth and characterization of nanostructured Al_2O_3/YAG/ZrO_2 hypereutectics with large surfaces under laser rapid solidification[J]. J Cryst Growth, 2010, 312（24）: 36-37.

[63] Hagedorn Y, Balachandran N, Meiners W, et al. Slm of net-shaped high strength ceramics: New opportunities for producing dental restorations [C]// Proceedings of the Solid Freeform Fabrication Symposium. Austin, TX, 2011: 8.

[64] Wilkes J, Hagedorn Y C, Meiners W, et al. Additive manufacturing of ZrO_2-Al_2O_3 ceramic components by selective laser melting[J]. Rapid Prototyping J, 2013, 19（1）: 51.

[65] 梁栋, 何汝杰, 方岱宁. 陶瓷材料与结构增材制造技术研究现状[J]. 现代技术陶瓷, 2017（4）: 231-247.

[66] SIMPSON R L, WIRIA F E, AMIS A A, et al. Development of a 95/5 poly（L-lactide-co-glycolide）/hydroxylapatite and β-tricalcium phosphate scaffold as bone replacement material via selective laser

sintering[J]. Journal of Biomedical Materials Research Part B Applied Biomaterials, 2008, 84B: 17-25.

[67] TAN K H, CHUA C K, LEONG K F, et al. Scaffold development using selective laser sintering of polyetheretherketone-hydroxyapatite biocomposite blends[J]. Biomaterials, 2003, 24: 3115-3123.

[68] LIU J, ZHANG B, YAN C, et al. The effect of processing parameters on characteristics of selective laser sintering dental glass-ceramic powder[J]. Rapid Prototyping Journal, 2010, 16: 138-145.

[69] LIU K, SHI Y, LI C, et al. Indirect selective laser sintering of epoxy resin-Al_2O_3 ceramic powders combined with cold isostatic pressing[J]. Ceramics International, 2014, 40: 7099-7106.

[70] KOLAN KCR, MING C L, HILMAS G E, et al. Fabrication of 13-93 bioactive glass scaffolds for bone tissue engineering using indirect selective laser sintering[J]. Biofabrication, 2011, 3: 025004.

[71] LIU F H, SHEN Y K, LEEJL. Selective laser sintering of a hydroxyapatite-silica scaffold on cultured MG63 osteoblasts in vitro[J]. International Journal of Precision Engineering and Manufacturing, 2012, 13: 439-444.

[72] 杨洁，王庆顺，关鹤. 选择性激光烧结技术原材料及技术发展研究[J]. 黑龙江科学, 2017, 8(20): 30-33.

[73] 陈静，样海鸥，杨建，等. TC4钛合金的激光快速成形特性及熔凝组织[J]. 稀有金属快报, 2004, 23(4): 33-37.

[74] 杨建，黄卫东，陈静，等. TC4钛合金激光快速成形力学性能[J]. 航空制造技术, 2007, 13(5): 73-76.

[75] 张凤英，陈静，谭华，等. 钛合金激光快速成形过程中缺陷形成机理研究[J]. 稀有金属材料与工程, 2007, 36(2): 211-215.

[76] 邓贤辉，杨治军. 钛合金增材制造技术研究现状及展望[J]. 材料开发与应用, 2014, 29(5): 113-120.

[77] 李吉帅，戚文军，李亚江，等. 选区激光熔化工艺参数对 Ti-6Al-4V 成形质量的影响[J]. 材料导报, 2017, 31(10): 65-69.

[78] 李学伟，孙福久，刘锦辉，等. 选择性激光快速熔化 TC4 合金成形工艺及性能[J]. 黑龙江科技大学学报, 2016, (5): 536-540.

[79] Yadroitsev I, Krakhmalev P, Yadroitsava I. Selective laser melting of Ti6Al4Valloy for biomedical applications: Temperature monitoring and microstructural evolution[J]. J Alloys Compd, 2014, 583: 404.

[80] Agarwala M, Bourell D, Beaman J, et al. Post-processing of selective laser sintered metal parts[J]. Rapid Prototyping J, 1995, 1(2): 36.

[81] Kasperovich G, Hausmann J. Improvement of fatigue resistance and ductility of Ti-6Al-4Vprocessed by selective laser melting[J]. J Mater Processing Technol, 2015, 220: 202.

[82] L. E. Murr, S. A. Quinones, S. M. Gaytan, et al. Microstructure and mechanical behavior of Ti-6Al-4V produced by rapid-layer manufacturing, for biomedical applications[J]. Journal of the Mechanical Behavior of Biomedical Materials, 2008, 2(1): 20.

[83] Facchini L, Magalini E, Robotti P, et al. Ductility of a Ti-6Al-4V alloy produced by selective laser melting of pre-alloyed powders[J]. Rapid Prototyping J, 2010, 16(6): 450.

[84] Simonelli M, Tse Y Y, Tuck C. Effect of the build orientation on the mechani-

cal properties and fracture modes of SLM Ti-6Al-4V [J]. Mater Sci Eng A, 2014, 616: 1.

[85] Chlebus E, Kuz'nicka B, Kurzynowski T, et al. Microstructure and mechanical behaviour of Ti-6Al-7Nb alloy produced by selective laser melting [J]. Mater Characterization, 2011, 62 (5): 488.

[86] Safdar A, et al. Effect of process parameters settings and thickness on surface roughness of EBM produced Ti-6Al-4V [J]. Rapid Prototyping Journal, 2012, 18 (5): 401.

[87] Karlsson J, Norell M, Ackelid U, et al. Surface oxidation behavior of Ti-6Al-4V manufactured by Electron Beam Melting (EBM) [J]. J Manufacturing Processes, 2015, 17: 120.

[88] Karlsson J, Snis A, Engqvist H, et al. Characterization and comparison of materials produced by electron beam melting (EBM) of two different Ti-6Al-4Vpowder fractions [J]. J Mater Processing Technol, 2013, 213 (12): 2109.

[89] Serp S, Feurer R, Kalck P, et al. A new OMCVD iridium precursor for thin film deposition [J]. Chemical Vapor Deposition, 2001, 7 (2): 59-62.

[90] 魏朋义, 钟振刚, 桂钟楼, 等. 合金成分对含铼镍基单晶合金高温持久及断裂性能的影响 [J]. 材料工程, 1999 (4): 3-6.

[91] Chlebus E, KuZ'nicka B, Dziedzic R, et al. Titanium alloyed with rhenium by selective laser melting [J]. Materials Science and Engineering: A, 2015, 620: 155-163.

[92] Bansiddhi A, Sargeant T D, Stupp S I, et al. Porous NiTi for bone implants: a review [J]. Acta Biomaterialia, 2008, 4 (4): 773-782.

[93] Liu X M, Wu S L, Yeung K W K, et al. Relationship between osseointegration and superelastic biomechanics in porous NiTi scaffolds [J]. Biomaterials, 2011, 32 (2): 330-338.

[94] Liu Y, Van H J. On the damping behaviour of NiTi shape memory alloy [J]. Journal de Physique IV, 1997, 7 (5): 519-524.

[95] Es-Souni M, Fischer-Brandies H. Assessing the biocompatibility of NiTi shape memory alloys used for medical applications [J]. Analytical and Bioanalytical Chemistry, 2005, 381 (3): 557-567.

[96] Bormann T, Müller B, Schinhammer M, et al. Microstructure of selective laser melted nickel-titanium [J]. Materials Characterization, 2014, 94: 189-202.

[97] Habijan T, Haberland C, Meier H, et al. The biocompatibility of dense and porous Nickel-Titanium produced by selective laser melting [J]. Materials Science & Engineering C, 2013, 33 (1): 419-426.

[98] Mullen L, Stamp R C, Brooks W K, et al. Selective laser melting: a regular unit cell approach for the manufacture of porous, titanium, bone in-growth constructs, suitable for orthopedic applications [J]. Journal of Biomedical Materials ResearchPart B: Applied Biomaterials, 2009, 89B (2): 325-334.

[99] 李瑞迪, 史玉升, 刘锦辉, 等. 304L 不锈钢粉末选择性激光熔融成形的致密化与组织 [J]. 应用激光, 2009, 29 (5): 369-373.

[100] 王黎. 选择性激光熔融成形金属零件性能研究 [D]. 武汉: 华中科技大学, 2012.

[101] 董鹏, 李忠华, 严振宇, 等. 铝合金激光选区熔化成形技术研究现状 [J]. 应用激光, 2015, 35 (05): 607-611.

[102] 李帅, 李崇桂, 张群森, 等. 铝合金激光

增材制造技术研究现状与展望[J]. 轻工机械，2017，35（3）：98-101.

[103] KEMPEN K, THIJS L, YASA E, et al. Process optimization and micro-structural analysis for selective laser melting of AlSi10Mg[J]. Solid freeform fabrication symposium, 2011, 22: 484-495.

[104] LI Yali, GU Dongdong. Parametric analysis of thermal behavior during selective laser melting additive manu-facturing of aluminum alloy powder[J]. Materials and design, 2014, 63（2）：856-867.

[105] SIMCHI A, GODLINSKI D. Effect of Si C particles on the laser sintering of Al-7Si-0. 3Mg alloy[J]. Scriptamaterialia, 2008, 29（2）：199-202.

[106] SIDDIQUE S, IMRAN M, WALTHER F. Very high cycle fatigue and fatigue crack propagation behavior of selec-tive laser melted Al Si12alloy[J]. Inter-national journal of fatigue, 2016, 94（2）：246-254.

[107] KANG Nan, CODDET P, LIAO Han-lin, et al. Wear behavior and micro-structure of hypereutectic Al-Si alloys prepared by selective laser melting[J]. Applied surface science, 2016, 378（8）：142-149.

[108] BUCHBINDER D, SCHLEIFENBAUM H, HEIDRICH S, et al. High Power Selective Laser Melting（HP SLM）of Aluminum Parts[J]. Physics Procedia, 2011（12）：271-278.

[109] LOUVIS E, FOX P, SUTCLIFFE C J. Selective laser melting of aluminium components[J]. Journal of Materials Processing Technology, 2011, 211（2）：275-284.

[110] 张冬云. 采用区域选择激光熔化法制造铝

合金模型[J]. 中国激光，2007，34（12）：1700-1704.

[111] 赵官源，王东东，白培康，等. 铝合金激光快速成形技术研究进展[J]. 热加工工艺，2010（9）：170-173.

[112] 刘治. 激光快速成形钴铬合金机械性能及耐腐蚀性研究[D]. 西安：第四军医大学，2010.

[113] 许建波，张庆茂，姚锡禹，等. 选区激光熔化及热处理工艺对钴铬合金力学性能的影响[J]. 强激光与粒子束，2017，29（11）：161-170.

[114] 李小宇，郑美华，王洁琪，等. 3D打印和铸造钴铬合金耐蚀性及力学稳定性比较[J]. 中华口腔医学研究杂志：电子版，2016，10（5）：327-332.

[115] 姜炜. 不锈钢选择性激光熔融成形质量影响因素研究[D]. 武汉：华中科技大学，2009.

[116] 陈青果，韦玉堂，张君彩，等. SLS中激光功率与扫描速度匹配的优化设计[J]. 煤矿机械，2009，30（1）：117-119.

[117] 吴桐，刘邦涛，刘锦辉. 镍基高温合金选择性激光熔融的工艺参数[J]. 黑龙江科技大学学报，2015，25（4）：361-365.

[118] Boyce B L. The constitutive behavior of laser welds in 304L stainless steel determined by digital image correlation[J]. Metallurgical and Materials Trans-actions, 2006, 37（8）：2481-2492.

[119] Ozgedik A, Cogun C. An experimental investigation of tool wears in electric discharge machining[J]. The Interna-tional Journal of Advanced Manufac-turing Technology, 2006, 27（6）：488-500.

[120] 李日华，周惠群，刘欢. SLS快速成形系统扫描路径的优化[J]. 电加工与模具，2013（1）：47-51.

[121] 徐仁俊. 基于选择性激光熔融技术的有限元分析和扫描路径优化[D]. 重庆：重庆

大学，2016.

［122］ Onuh S O，Hon K K B. Application of the Taguchi method and new hatch styles for quality improvement in ste-reolithography[J]. Proceedings of the Institution of Mechanical Engineers, 1998, 212（Part B）：461-471.

［123］ 张人佶，单忠德，隋光华，等. 粉末材料的 SLS 工艺激光扫描过程研究[J]. 应用激光，1999, 19（5）：299-302.

［124］ Klotzbach U，Mohanty S，Tutum C C，et al. Cellular scanning strategy for selective laser melting：evolution of optimal grid-based scanning path and parametric approach to thermal homo-geneity[C]. The International Society for Optical Engineering. California, USA. 2013：86080M-86080M-13.

［125］ 陈鸿，张志钢，程军. SLS 快速成形工艺激光扫描路径策略研究[J]. 应用基础与工程科学学报，2001, 9（2-3）：202-207.

［126］ 张曼. RP 中扫描路径的生成与优化研究[D]. 西安：西安科技大学，2006.

［127］ 齐东旭. 分形及其计算机生成[M]. 北京：科学出版社，1994.

［128］ 刘征宇，宾鸿赞，张小波，等. 生长型制造中分形扫描路径对温度场的影响[J]. 华中理工大学学报，1998, 26（8）：32-34.

［129］ 潘琰峰. 316 不锈钢金属粉末的选择性激光烧结成形研究[D]. 南京：南京航空航天大学，2005.

［130］ Vander Schueren B，Kruth J P. Pow-der deposition in selective metal pow-der sintering［J］. Rapid Prototyping Journal, 1995, 1（3）：23-31.

第5章

材料喷射成形技术

材料喷射成形技术是指通过选择性沉积造型材料的微滴实现增材制造的工艺。目前，材料喷射成形技术得到广泛研究，已突破传统单材均质打印加工的限制，实现了多材料、多颜色及彩色表面纹理贴图制件的精细复杂打印成形。

5.1 材料喷射成形技术的基本原理

打印技术最常见的应用是在纸上印刷墨水来再现文本和图像。这种二维打印技术是从 Johannes Gutenberg 在 1440 年左右发明的印刷机开始的。20 世纪 80 年代后期，市场上出现了快速原型制造，将印刷技术扩展到三维。利用计算机技术，将三维立体物体进行等高度切片处理，得到每一层的二维图像，再将这些图像转化为可执行的像素文件，作为指令输出给打印设备，打印设备逐层打印二维图像，层层叠加就可以获得三维成形物体。在材料喷射成形技术中，材料（类比于二维打印中的"墨水"）会通过喷嘴直接分配，而非黏合剂。喷射成形是一种非接触式打印过程，成形体的精度由喷嘴直径控制，一般为 $25\sim75\mu m$。

材料喷射成形技术中材料（"墨水"）按溶剂是否挥发分两种类型。Evans 等人以水和酒精为介质制备陶瓷悬浮液，打印之后，沉积组分中的介质被蒸发去除，剩余材料形成固化物体。然而，这种固相含量低的组合墨水，在沉积后和进行下一层打印之前需要去除溶剂，使得零件生长速率相对较低。"相变墨水"，指打印后无需等待干燥的"墨水"，可急速冷却固化，热熔打印机便使用这类"墨水"材料。它能够缩短文件印刷期间的干燥周期，减小产品带有污迹的风险。在这种情况下，每层固化的沉积物通常比干燥溶剂获得的沉积物高度更高，沉积物生长速度就会更快。

5.2 液滴的形成机理与分类

喷墨打印技术最关键的部分是"墨水"及其物理性质，特别是黏度和表面张力。为便于打印，"墨水"黏度通常低于 $20mPa \cdot s$。室温下的固体材料，为了便于喷射，必须加热以使其转变为液相。对于高黏度流体，必须降低流体的黏度才能喷射，常见方法是对流体进行加热、添加溶剂或其他低黏度组分。除此之外，对于部分聚合物，按需喷墨方式足以让聚合物产生剪切变稀。虽然诸如液体密度、表面张力、打印头或喷嘴设计等其他因素可能会影响微滴的喷射效果，但黏度已成为材料喷射中液滴形成的最大限制。

"墨水"形成液滴的方法有多种，液滴形成过程遵循能量守恒定律，每个液滴喷出所需的能量由驱动器来满足，包括流体流动损耗、液滴表面能和动能等。由于流体具有黏度，流体在喷嘴中流动时存在内摩擦作用，一部分的流动动能会转化为热能损耗掉。表面能损耗是液滴或射流在形成过程中克服自由表面能所需的能量。液滴或射流产生后，还需要具有足够的动能将液滴从喷嘴推向成形面。

材料喷射成形技术是以传统二维喷墨打印为基础发展而来的，按"墨水"形成方式分为连续式（continuous printing，CP 或 continuous ink-jetting，CIJ）和按需式（drop-on-demand，DOD）两种模式，如图 5-1 所示。

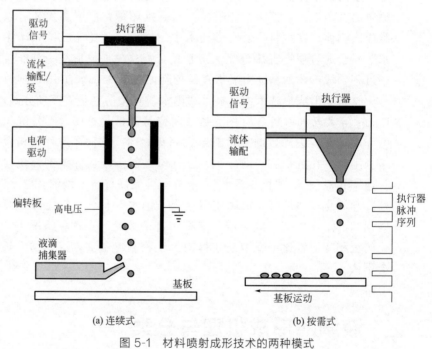

(a) 连续式　　　　　　　　　(b) 按需式

图 5-1　材料喷射成形技术的两种模式

（1）连续打印

连续喷墨打印系统如图 5-1(a) 所示，泵送的"墨水"在喷嘴处形成液体射流，打印机通过在高速射流流体上按预设频率叠加周期性扰动，导致射流破裂，分解成大小均匀的小液滴。在射流断裂位置周围围绕着充电电极，喷嘴组件的金属结构处于低电位。通过改变两者之间的电压，液滴被充满电荷以保证后续准确偏转。使用高压偏转板来改变液滴轨迹使其准确降落用于印刷。与按需喷墨打印机相比，连续喷墨打印机的液滴形成速率更高，因此可以提供更高的沉积速率。

预设频率决定了射流破裂位置和液滴形态。在较低频率下，射流从喷嘴处几乎以连续流的形式出现，仅在电极出口处开始分裂。随着射流调制频率的增加，断开点从出口逐渐向电极中心移动，在电极内形成更多的液滴。如图 5-2(a)，液滴的外形是梨形和对称的，观察到的卫星滴落后于母液滴，但当调制频率增加时这些卫星滴逐渐消失。如图 5-2(b)所示，频率增加至适当值，液滴在电极中心处从连续射流脱落。当超过这个频率时，射流破裂长度没有明显变化，分裂点在电极的中点附近几乎保持不变，但分离液滴的形状偏离梨形，并且呈现为伸长状态，相邻的两到三滴发生聚集，如图 5-2(c)。在如此高的频率下，液滴产生得太快，液滴彼此太过接近。液滴伸长可能是由于滴液所带电荷具有相同极性，相互排斥的作用。

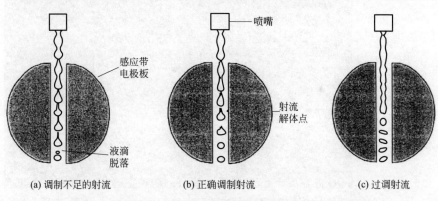

(a) 调制不足的射流　　　　(b) 正确调制射流　　　　(c) 过调射流

图 5-2　不同调制频率下充电电极内观察到的射流破裂现象

由于连续式喷射料液应具有导电性，因此物料中需要加入电解液，而电解液的存在会使"墨水"中的固相含量降低。

（2）按需打印

按需喷墨具有较小的墨滴尺寸和较高的打印精度。喷射微滴的喷墨头有几种类型，包括压电、热气泡、静电和声学等方法。其中，压电和热气泡驱动方法是商业喷墨打印机最成熟和最常用的。通过与流体接触的压电隔膜的位移或者通过加热电阻膜而在"墨水"中形成气泡，产生压力波并作用于液体上，挤压喷腔内的液体，当压力传至喷嘴处且能克服液体的表面张力时，便有液滴从喷孔喷出。对于气泡驱动方法，"墨水"被局部加热快速膨胀为气泡以形成喷射墨滴，通常使用水作为溶剂；对于压电驱动方法，其依赖于一些压电材料的变形以引起突然的体积变化并因此产生脉冲。从原理上讲，按需式压电喷墨技术适用于各种液体。

按需喷射液滴形成过程取决于压电套管内给定的压力波。如图 5-3 所示，典型液滴形成过程可能导致三种不同的情况。没有形成液滴，形成初级和卫星液滴，或者仅形成初级液滴。如果压力波太小，液体弯月面会振荡 [图 5-3(a)]，而不是被喷射形成液滴。相反，如果压力波太大，则大量的流体从分配头高速喷出，长尾部最终分解成一些卫星液滴，如图 5-3(b) 所示。理想情况下，应优化压力波以形成良好的液滴，如图 5-3(c) 所示，仅形成初级液滴。压力波幅度的大小受激励波形的电压和脉冲时间的影响，通过调整激励波形可以实现良好的液滴形成，液滴形成过程的一些代表性图像显示在图 5-3(d) 中。

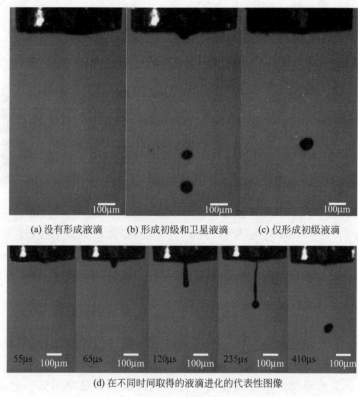

(a) 没有形成液滴　　　(b) 形成初级和卫星液滴　　　(c) 仅形成初级液滴

(d) 在不同时间取得的液滴进化的代表性图像

图 5-3　三种不同液滴形成过程的代表性图片

Wu 等人模拟了压电喷墨打印头中的液体喷射过程，用压力波形代替脉冲电压来进行分析。研究了正负压振幅对液滴喷射过程的影响，仿真结果表明，液滴的尾部长度和体积随正压幅值和运行周期的增加而增加。当负压的幅值增大时，液滴的破碎时间较短。

5.3　材料喷射成形材料

5.3.1　聚合物

聚合物已经成为目前商用喷射成形技术中最常用的材料，并且材料喷射打印被认为是聚合物沉积领域中的关键技术之一，也是实现彩色 3D 打印的重要手段。

（1）光敏树脂

聚合物喷射最主要的影响因素是物料的黏度，为避免直接喷射高黏度的聚合物，可选用喷射光敏树脂为原料，喷射液滴，再用紫外光进行固化。光敏树脂喷射成形技术的原理如图 5-4 所示，打印机根据模型切片数据，通过压电式喷头将液态光敏树脂喷射到工作台上，形成给定厚度的具有一定几何轮廓的一层光敏树脂液体，然后由紫外光对工作台上的这层液态光敏树脂进行光照固化。一层完成后继续喷射和固化下一层，如此反复，直到整个工件打印制作完成。

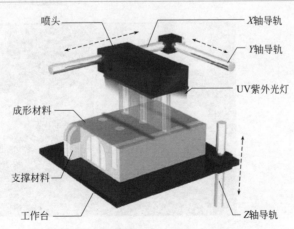

图 5-4　光敏树脂喷射成形技术的原理

　　De Gans 的研究中给出了聚合物喷墨印刷的实例,包括制造多色聚合物发光二极管显示器、聚合物电子器件、三维印刷和用于受控药物释放的口服剂,提出应变硬化是决定聚合物溶液喷墨适印性的关键参数。在 BJD Gans 等人的研究中,他们已经使用了一种能够打印黏度高达 160cP 的牛顿流体的聚合物印刷应用优化的微量移液管。

　　材料喷射成形技术可在机外混合多种材料,得到性能更为优异的新材料,极大地扩展了该技术在各领域的应用。

　　(2) 高黏度聚合物

　　北京化工大学焦志伟等人开发了一套完整的按需喷射高黏度聚合物的 3D 打印设备 (如图 5-5 和图 5-6 所示),在高黏度聚合物的液滴形成和

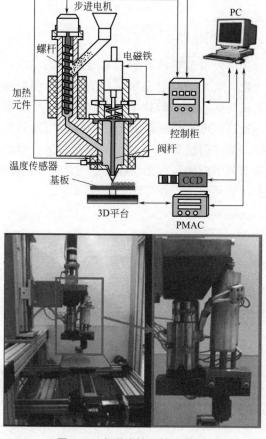

图 5-5　电磁式按需挤出装置

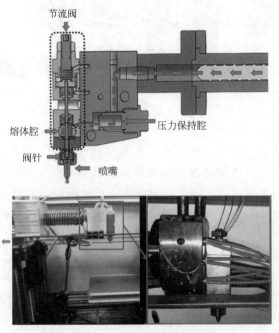

节流阀

熔体腔

阀针

喷嘴

压力保持腔

图 5-6　气动式按需挤出装置

三维堆叠等方面进行了研究。高黏度聚合物喷射成形的过程包括液滴形成和堆叠沉积冷却两个阶段。以 PP（6820）作为实验材料，在螺杆转速、喷嘴直径、机械冲击频率、加热温度、喷嘴与平台间距、雾滴形态及沉积等不同打印参数下进行了研究，获得了最佳打印参数、聚合物微滴尺寸及精度。

　　① 聚合物熔体成滴机理研究　聚合物熔体是典型的非牛顿流体，黏度受温度及剪切影响，相比常用于微滴喷射的耗材来说，具有黏度高、需高温加热等特点。理想的微滴喷射过程如图 5-7（a）所示，其成形过程主要包括 4 个阶段：液柱的挤出和伸长、液柱颈缩、液柱剪断、微滴下落。但在实际成滴过程中，会出现液柱难以断裂或断裂成多个不规则液滴的现象。

　　由于聚合物熔体具有较高的黏度，很难以自由滴落的方式实现微滴成形，但可通过被动微滴成形的方式进行处理，即阀针高频开合，如图 5-7（b）所示，将熔体挤出过程离散化，同时缩短基板与喷嘴之间的距离，通过基板与熔体间的黏性力抵消掉喷嘴处熔体间的黏性力，实现熔体微滴被动成形。

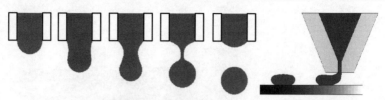

(a) 微滴自由成形　　　　　　　　　　　(b) 微滴被动成形

图 5-7　微滴成形过程示意

　　基于对熔体按需挤出过程及熔体动力学的分析，阀腔内熔体挤出喷嘴过程是背压驱动的压差流动和阀针运动产生的剪切流动综合作用的过程。阀腔背压值、阀针运动速度、运动距离、阀针直径与阀腔直径之比、喷嘴直径等参数均会对熔体的流动产生影响。随着阀针运动速度的增加，熔体挤出流量随之增加；当运动速度为 0m/s 时，除初始处流量微小波动外，保持稳定流动状态；当阀针里喷嘴较远时，喷嘴处流量缓慢增加，流量波动平稳；当阀针移动到离喷嘴较近距离时，喷嘴处流量急速增加，直至阀针关闭喷嘴，流量降为 0。当阀针靠近喷嘴时，阀针运动速度越大，对熔体挤出流量的扰动越大。

　　当阀针在最大位置处保持不动时，熔体在阀腔背压的作用下稳定挤出。如图 5-8 所示，当针孔距离小于 0.5mm 时，随着距离的减少，熔体流量减少，而当针孔距离大于 0.5mm 时，熔体流量没有明显变化，证明阀针距离喷嘴过近，会对熔体流动产生"阻塞"作用，影响 3D 打印效率。

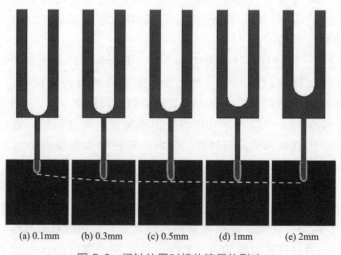

(a) 0.1mm　　　(b) 0.3mm　　　(c) 0.5mm　　　(d) 1mm　　　(e) 2mm

图 5-8　阀针位置对熔体流量的影响

阀针阀腔直径比影响阀腔中熔体的拖曳流动。如图 5-9 所示,随着阀针阀腔直径比的增加,在同等运动速度情况下,熔体流量增加,且不符合线性增长规律;当运动速度较低时,阀针阀腔直径比为 0.25 时,流量波动较小;当阀针阀腔直径比为 0.75 时,当阀针离喷嘴较近时,流量有下降趋势,说明阀针直径大时,对压差流动有阻塞作用。阀针直径较小时,对熔体流量影响较小,能够提高 3D 打印精度。

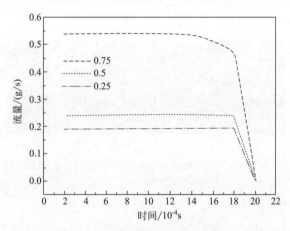

图 5-9 不同阀针阀腔直径比流量变化情况

当阀针开启时,剪切流动和压差流动方向相反,阀针直径较小时,可以减少剪切流动对熔体总体流动的影响。熔体流量随着阀针运动速度与压差比值的增大而减小,当比值大于 0.5 时,熔体出现倒流现象;因此,为避免倒流现象,应增大阀腔背压或减少阀针运动速度;随着阀针的上升,流量逐渐增大,上升至约 0.5mm 时,流量保持平稳。

② 聚合物液滴尺度的实验调控 在装置实际运行过程中,除去已设计好的几何参数等,主要的控制工艺参数包括螺杆转速 N_{RPM}、阀针运动频率 Fr_v、阀针移动距离 L_v 以及熔体温度 T_m 以及可更换的喷嘴直径 D_n。以电磁式熔体微分 3D 打印机作为实验平台,以高熔融指数聚丙烯 PP6820 作为实验材料,进行微滴尺度调控研究。

实验的初始设定条件为:喷嘴直径 0.2mm,螺杆转速 40r/min,阀针运动频率 10Hz,阀针运动距离 2mm,熔体温度 230℃,喷嘴与基板间距离为 0.3mm,运动速度 30mm/s。其微滴尺寸如图 5-10 所示。可以看出,微滴以近似半球的形态陈列在基板上,因此可通过测量微滴直径的方式,来检测工艺参数对微滴尺寸的影响。

(a) 微滴侧视图

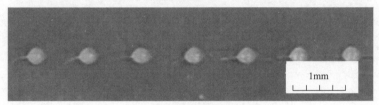

(b) 微滴俯视图

图 5-10　初始设定下的微滴侧视图及俯视图

a. 喷嘴直径和螺杆转速对微滴直径的影响。

实验条件：阀针运动频率 10Hz，阀针运动距离 2mm，加热温度 230℃。研究喷嘴直径分别为 0.2mm、0.5mm，以及螺杆转速分别为 20r/min、25r/min、30r/min、35r/min、40r/min，对微滴直径的影响，其结果如图 5-11 所示。

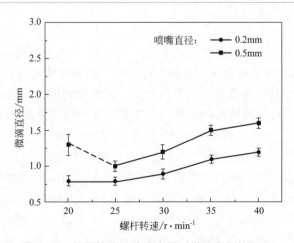

图 5-11　螺杆转速和喷嘴直径对微滴直径的影响

从实验结果可以看出，微滴直径随着螺杆转速的增加而增加，由于经过合理的螺杆设计，可基本实现螺杆转速与阀腔背压成正比，因此微滴直径与阀腔背压成正比。从图 5-11 中可以看出，当螺杆转速为 20r/min，喷嘴直径为 0.5mm 时，液滴直径出现拐点，这是由于在较低的螺杆转速下，背压较低，微滴缺乏足够的能量从喷嘴处分离，微滴将黏附在喷嘴处，几滴微滴融合后，在重力作用下脱离喷嘴，因为微滴尺寸变大，严重影响成形精度。此外，当喷嘴为 0.2mm 时，液滴直径小于喷嘴为 0.5mm 时的微滴直径，且微滴直径比为 1.5，小于理论值。这是由于非牛顿流体"剪切变稀"现象造成的影响，当熔体流过直径更小的喷嘴时，存在更强的剪切力，熔体黏度变小，会相应增加挤出流量，因此微滴直径增加。

b. 阀针运动频率对微滴直径的影响。阀针的频率可通过改变电磁铁的充放电脉冲实现。实验条件：喷嘴直径 0.2mm，螺杆转速 30r/min，阀针运动距离 2mm，加热温度 230℃，其阀针运动频率分别为 2Hz、4Hz、6Hz、8Hz、10Hz。阀针运动频率对微滴直径的影响如图 5-12 所示。从实验结果可以看出，微滴直径与阀针运动频率呈负相关比例关系。根据微滴成形理论分析，阀针运动频率决定喷嘴的开合周期，频率越快，开合周期越短，周期内挤出流量越小，因此频率越高，微滴直径越小。

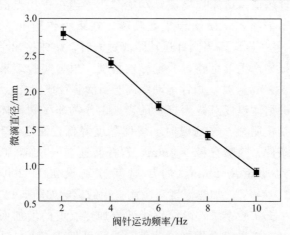

图 5-12 阀针运动频率对微滴直径的影响

c. 阀针运动距离对微滴直径的影响。阀针运动距离通过连接在电磁铁上的压缩弹簧的长度来调节。实验条件：喷嘴直径 0.2mm，螺杆转速

30r/min，阀针运动频率 10Hz，加热温度 230℃，阀针运动距离分别设置为 1mm、1.5mm、2mm、2.5mm、3mm。阀针运动距离对微滴直径的影响如图 5-13 所示。

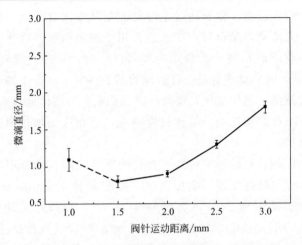

图 5-13　阀针运动距离对微滴直径的影响

　　根据实验结果，当阀针移动距离为 1mm 时，微滴会黏附在喷嘴处产生聚集，即当阀针运动频率保持不变的情况下，阀针运动距离越短，运动速度越低，熔体拖曳流动动能越小。当小于拐点值时，微滴因缺乏动能而不能挤出，微滴聚集在喷嘴，在重力作用下落到基板上（虚线部分）。另一方面，当阀针运动距离过大时，熔体挤出动能过大，呈喷射状态，极易产生卫星滴，严重影响精度。根据实验结果，当阀针运动距离在 1.5～3mm 时，阀针运动距离与微滴直径成正比。

　　d. 熔体温度对微滴直径的影响。作为非牛顿流体，熔体的黏度随温度的变化明显，在高温时，熔体黏度降低，使之有利于从喷嘴中挤出。实验条件：喷嘴直径 0.2mm，螺杆转速 30r/min，阀针运动频率 10Hz，阀针运动距离 2mm，加热温度分别设定为 200℃、210℃、220℃、230℃、240℃。加热温度对微滴直径的影响如图 5-14 所示。

　　根据实验结果，微滴直径随着加热温度的增加而增加。当熔体黏度降低时，挤出流量增加。此外，当温度低于 210℃时，微滴黏附于喷嘴上，不能落到基板上，这是由于当温度低于 210℃时，熔体黏度高达 75000Pa·s。此外，当加热温度高于 240℃时，耗材开始分解，产生大量卫星滴，严重影响精度。

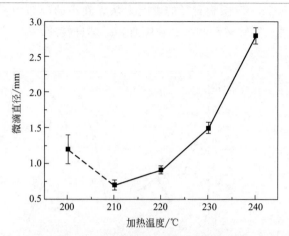

图 5-14　加热温度对微滴直径的影响

正交实验方法运用阵列来判断各参数对实验结果的影响程度，信噪比 S/N 值是正交实验中的一个验证指标，其较大的 S/N 值代表和目标值有更高的相似度，其计算公式：

$$S/N = -10\lg\left(\frac{1}{n}\sum_{i=1}^{n} y_i^2\right) \tag{5-1}$$

式中　S/N——信噪比；

　　　y_i——第 i 次试验的测试数值与注塑数值之差；

　　　i——试验序号；

　　　n——试验次数。

本研究采用五因素四水平正交阵列，如表 5-1 所示。

表 5-1　因素、工艺参数及水平

因素	工艺参数	单位	水平			
			1	2	3	4
A	喷嘴直径	mm	0.2	0.5		
B	螺杆转速	r/min	20	25	30	35
C	阀针运动频率	Hz	1	4	7	10
D	阀针运动距离	mm	1	2	3	4
E	加热温度	℃	210	220	230	240

影响微滴直径的五个因素的 S/N 平均值如图 5-15(a) 所示，以及影响因素的标准差如图 5-15(b) 所示，其较大值代表对微滴直径有更大的影响力。结果显示因素 E——加热温度对微滴直径有最大的影响力，其

值为 5.52。对微滴直径的影响力从大到小的分布为：加热温度＞阀针运动距离＞阀针运动频率＞喷嘴直径＞螺杆转速。

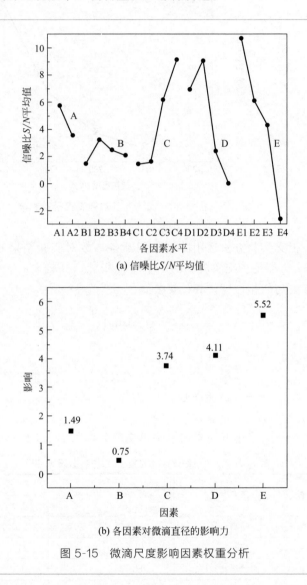

(a) 信噪比 S/N 平均值

(b) 各因素对微滴直径的影响力

图 5-15　微滴尺度影响因素权重分析

图 5-16 显示了 9 列 6 行的微滴分布，由于基板运动（9mm/s）的拖曳作用，微滴呈纺锤状，在如标准所示的工艺参数下，微滴长度 L 约为 2mm，宽度 W 约为 1.5mm。可以看见微滴之间存在流延丝线，但并不明显。每个液滴的尺寸通过图像分析软件进行测定，并通过重复精度公式进行计算。经测算，微滴直径的重复精度为 4.3%，小于 5%。

$$\delta_{\mathrm{m}} = \frac{\sqrt{\dfrac{1}{n-1}\displaystyle\sum_{i=1}^{n}(m_i - \bar{m})^2}}{\bar{m}} \times 100\% \qquad (5\text{-}2)$$

式中　δ_{m}——微滴重复精度；

　　　m_i——微滴尺寸检测值；

　　　$\bar{m}$——微滴尺寸平均值；

　　　n——检测数量。

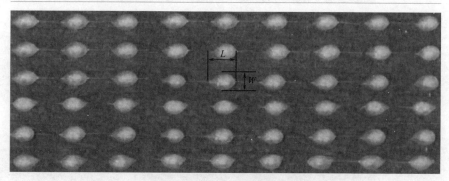

图 5-16　9 列 6 行微滴分布图

成滴参数：喷嘴直径 0.5mm、螺杆转速 40r/min、针阀频率 4Hz、
喷嘴基板间距 2mm、熔体温度 230℃

③ 聚合物熔体微滴堆叠自由成形　聚合物熔体微滴堆叠成形的过程主要是由一个个离散的聚合物熔体微滴按照一定的排布方式堆积在一起，其基本原理如图 5-17 所示。从图中可以看到，对于同一种材料而言，影响聚合物熔体微滴堆叠成形精度的主要因素为液滴间距（W_x、W_y、W_z）和成形路径。

图 5-17　聚合物熔体微滴堆叠成形原理图

　　a. 微滴间距对微滴堆叠成形精度的影响。微滴间距 W_x 主要是通过改变基板的移动速度来控制。分别在基板移动速度为 40mm/s、35mm/s、30mm/s 和 25mm/s 时测量微滴之间的距离，其成形效果如图 5-18 所示。

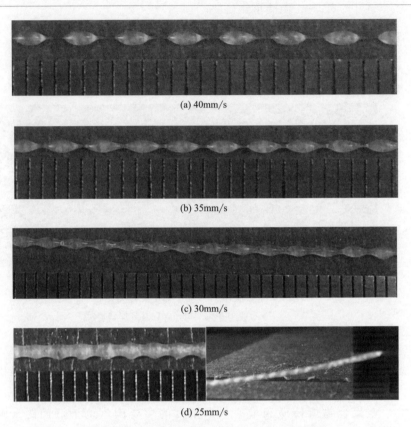

(a) 40mm/s

(b) 35mm/s

(c) 30mm/s

(d) 25mm/s

图 5-18　不同基板移动速度下的微滴成形效果

　　通过计算图 5-18 中微滴之间的距离得到微滴间距和基板移动速度的关系如图 5-19 所示。从图中可以看出，随着基板移动速度的增加，微滴间距逐渐增大；基板移动速度在 30mm/s 以下时，微滴之间出现重熔现象，并且两端产生翘曲变形；而当基板移动速度大于 35mm/s 时，微滴之间呈现分离状态；因此当基板移动速度在 30mm/s 时，微滴间距最小，在 X 方向成形效果相对较好。

　　在基板移动速度为 30mm/s 时，分别在微滴间距 W_y 为 0.5mm、1.0mm、1.5mm 和 2.0mm 四种情况下，分析微滴间距 W_y 对微滴堆叠成形精度的影响，其堆叠成形效果如图 5-20 所示。

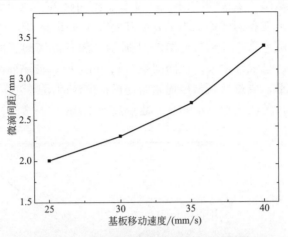

图 5-19　基板移动速度同微滴间距关系图

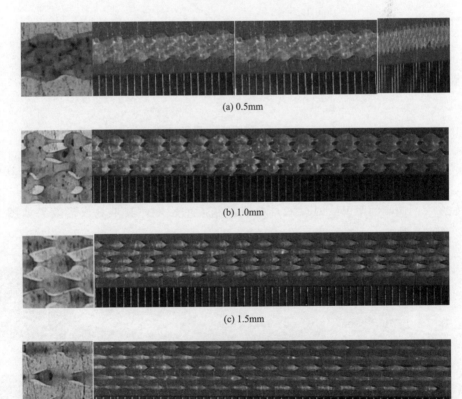

图 5-20　不同微滴间距 W_y 下的堆叠成形效果

从图 5-20 中可以看出，随着微滴间距 W_y 的增大，堆叠成形制品中间会出现孔洞现象。为了表征其制品的成形精度，计算制品相同面积下的孔隙率，计算结果如图 5-21 所示。随着液滴间距的增大，成形制品的孔隙率呈线性增大。液滴间距为 0.5mm 时，液滴间距过小，造成液滴堆叠严重，成形后制品出现翘曲变形；液滴间距为 2.0mm 时，液滴间距离过大，无法成形一个制品。故液滴为 1.0mm 时成形效果较好。

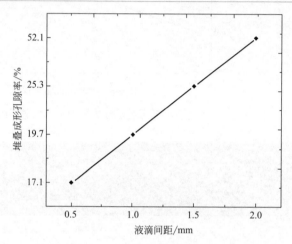

图 5-21　不同液滴间距下的堆叠成形孔隙率

已知微滴间距 W_y 在 1.0mm 时堆叠成形制品的精度较好，因此在此参数下分别设定微滴间距 W_z 为 0.5mm、1.0mm、1.5mm 和 2.0mm，分析微滴间距 W_z 对微滴堆叠成形精度的影响，其堆叠成形效果如图 5-22 所示。

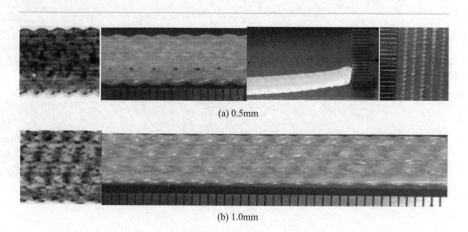

(a) 0.5mm

(b) 1.0mm

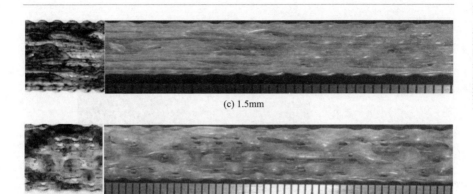

(c) 1.5mm

(d) 2.0mm

图 5-22　不同微滴间距 W_z 下的堆叠成形效果

从图 5-22 中可以看出，随着微滴间距 W_z 的逐渐增大，堆叠成形制品的表面越来越粗糙。当微滴间距大于 1.0mm，堆叠成形制品表面存在着微滴堆叠的流痕，尤其是当微滴间距为 2.0mm 时，微滴在制品表面呈现不均匀的排布，制品表面凹凸不平。造成这种现象的主要原因是聚合物熔体其自身具有黏弹性，由于微滴间距过大，使得上下层之间微滴与微滴的黏合作用小，微滴从喷嘴喷出后会随着喷嘴一起运动，并且随着微滴间距 W_z 的逐渐增大，其表面精度越来越差；而当微滴间距 W_z 为 0.5mm 时，由于微滴间距过小，造成热量积聚，堆叠成形制品的两端产生翘曲变形现象。通过以上的分析可知，微滴间距 W_z 在 1.0mm 时微滴堆叠成形的精度较好，且无明显的翘曲变形现象发生。

b. 微滴成形路径对微滴堆叠成形精度的影响。通过研究发现，对于实验材料聚丙烯熔体而言，沿短边路径成形制品的表面粗糙度为 $178\mu m$，沿长边路径成形制品的表面粗糙度为 $332\mu m$，表面精度明显提高了近一倍。沿短边路径成形制品表面微观组织见图 5-23。

其主要原因是：沿着短边路径堆叠，距离较短，拐点增加，基板不断地加速和减速运动，其平均速度相比长边堆叠会低，由于液滴与基板的摩擦拖曳效应，造成液滴较大，填补了液滴之间的孔隙，从而形成的制品表面精度较高。但是存在的问题是，当堆叠成形两层时，由于微滴的热量积聚，成形制品两端会出现严重的翘曲变形，翘曲量接近 8mm，因此 Z 方向的成形精度受到了严重影响。沿着长边路径堆叠成形表面精度稍微差些，但是成形制品的两端不会出现翘曲变形的现象，从而在整体上看沿着长边路径堆叠成形精度较高（见图 5-24）。

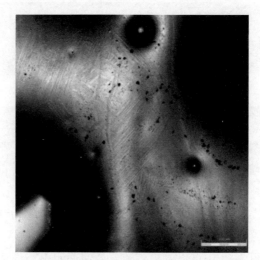

图 5-23　沿短边路径成形制品表面微观组织

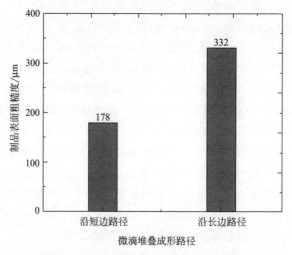

图 5-24　两种路径成形制品表面对比

④ 聚合物熔体微滴成滴和堆叠过程温度场的模拟分析　对于聚合物熔体微滴堆叠过程进行分析，采用有限单元法和单元生死技术，建立聚合物熔体微滴堆叠成形温度场计算模型，模拟聚乳酸（PLA）长方体薄板模型微滴堆叠成形过程温度场的演变规律。分析结果表明：长方体薄板模型微滴堆叠成形温度场随微滴堆叠位置的移动而呈现动态变化，微

滴节点的温度曲线随结合区域发生熔合的次数变化出现不同个数的温度峰值，微滴间的结合性随熔合次数的增加而增大。模拟结果与试验结果基本吻合，较好反映了实际成形过程中零件的温度场变化。

微滴堆叠成形是一个材料按照一定的轨迹动态增加，热源局部瞬间增大，并伴有液固相变的过程，其温度场的有限元分析计算属于典型的非线性瞬态热传导求解问题。为了简化计算，建模时假定如下：

a.聚合物熔体微滴堆叠成形过程看作是单一小微元体逐点逐层累积的过程，上下层和相邻微滴之间共用同一个界面，从而保证材料的连续性；

b.材料的热物理性参数随温度改变，且假定在微小时间内呈线性变化；

c.忽略微滴堆叠成形时的温度变化，微滴单元的初始温度为均匀；

d.堆叠成形过程忽略材料不同结晶率对密度的影响，采用成形温度区间内的平均密度值计算。

微滴堆叠成形过程的温度场求解采用有限元方法将连续的求解域离散成有限的单元组合体，利用单元生死技术，运用参数化编程语言模拟材料按微滴堆叠成形路径移动，在不同时刻激活相应的单元并实现微滴的动态堆叠和热量载荷的动态加载。

根据实际工艺过程，建立图 5-25 所示的聚合物熔体微滴堆叠成形的温度场有限元计算网格模型，模型采用六面体八节点热单元进行网格划分，单元尺寸为 2mm×2mm×1mm。采用生物降解材料聚乳酸（PLA）作为堆叠成形材料，其各项物理性能参数如表 5-2 所示。

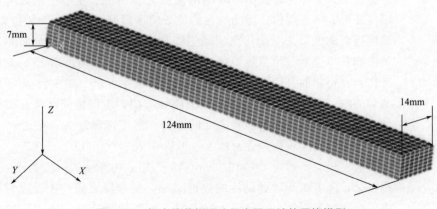

图 5-25　长方体薄板温度场有限元计算网格模型

表 5-2   PLA 物理性能参数

温度/℃	密度/(kg/m³)	热导率/[W/(m·K)]	比热容/[J/(kg·K)]
25	1240	0.13	2040
180	1240	0.12	2130

图 5-26 所示为依据实际微滴堆叠情况建立的长方体薄板温度场分析模型成形轨迹和关键节点。采用建立的模型，按成形轨迹和时间顺序逐步激活单元，得到成形零件的温度分布结果和不同位置的微滴节点温度变化规律。

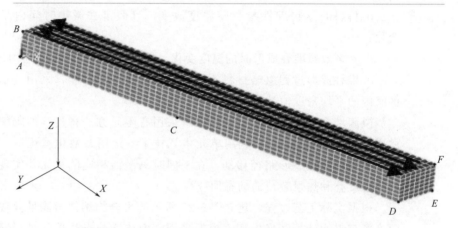

图 5-26   长方体薄板温度场分析模型成形轨迹和关键节点

a. 微滴堆叠成形过程的零件温度场分布规律。图 5-27 为微滴堆叠成形过程的长方体薄板在不同时刻的温度分布情况。从图中可以看出，在零件成形的同一层内，微滴所在的位置温度最高，随着微滴的位置移动，温度逐渐降低，其温度场呈现动态变化；每一层的温度场分布相近，均是微滴从堆叠的起始位置温度逐渐降至环境温度，温度沿着 Y 方向逐渐升高，在每层的最后一列均是温度最高的集中区域。图 5-28 为零件成形结束的瞬间，沿图 5-26 所示的 EF 路径方向，不同微滴堆叠高度处的温度分布曲线。随着微滴堆叠高度的增加，温度逐渐增大，在 1～5mm 的范围内温度梯度较小且逐渐增大，但均在 10℃/mm 以下；在 5～6mm 内温度梯度较大，约为 129.1℃/mm，6～7mm 内微滴的温度为 180℃。由此可见，随着微滴堆叠高度的逐渐增加，层与层之间产生温度梯度，并由于热量的累积效应，导致各层之间的温度梯度逐渐增大，新堆叠成形的温度层对下一层的温度影响最大，而后逐渐减小。

图 5-27　长方体薄板微滴堆叠成形过程不同时刻的温度场分布

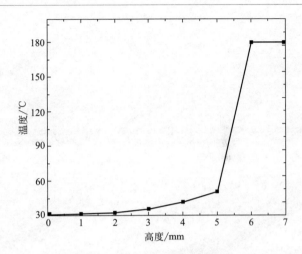

图 5-28　沿 EF 路径方向的不同微滴堆叠高度处的温度分布曲线

b. 微滴堆叠成形过程的零件不同点温度变化规律。图 5-29 为微滴过程中，图 5-29 所示的零件不同节点处的温度变化曲线图。由图 5-29 可知，每个节点都会有温度的峰值点和峰谷点。对于在同一条堆叠路径上的 A、C、D 这 3 点，其温度曲线的变化基本相同，只是在温度峰值点的时间不同。当微滴堆叠到某一节点，该节点的温度瞬间从环境温度升至微滴温度 180℃，之后该节点温度逐渐下降。可以看出，每个节点的冷却速率基本相同。对于热循环曲线 1，由于节点 A 为 4 个微滴结合处的共用点，所以出现了 4 次温度峰值，第一次为微滴滴下时刻；第二次为 Y 方向第二点微滴熔合时刻；第三次为第二层 Z 方向上第一点微滴熔合时刻；第四次为第二层 Y 方向第二点微滴熔合时刻。由此可知，当 4 个微滴单元堆叠时，节点 A 将发生 3 次微滴熔合现象，增加微滴间的结合强度。同理，节点 C 与 A 相同，也是 4 个单元的共用节点，曲线 2 出现了 4 次温度峰值。对于节点 D，曲线 3 出现了 2 次温度峰值，主要是因为节点 D 处的两个微滴相邻出现，因此温度不会发生瞬间变化。对于节点 E，曲线 4 出现了 3 次峰值，主要是因为节点 E 是最后一个点，第一层微滴堆叠后产生一个温度峰值，第二层其上方有 2 次微滴堆叠，因此产生 2 个温度峰值。对于节点 B，曲线 5 出现了 2 次温度峰值，这是因为该节点是最后一层，只有 2 次微滴堆叠。由此可知，微滴节点的温度曲线随结合区域发生熔合的次数变化出现不同个数的温度峰值。

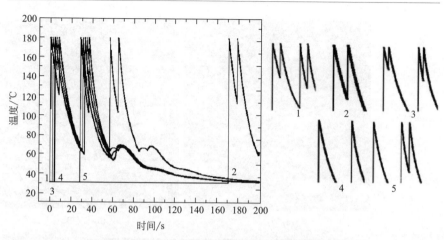

图 5-29　长方体薄板不同节点处温度变化曲线

1—A 点；2—B 点；3—C 点；4—D 点；5—E 点

为了验证模拟结果的正确性，采用 PLA 粒料为实验材料，在熔滴直径 2mm，熔滴温度为 180℃，环境温度为 30℃的工艺条件下成形，聚合物微滴排布效果如图 5-20 所示。

图 5-30 为微滴堆叠成形的长方体薄板，从图中选取 A、B、D 这 3 个节点观察其微观组织，并从 C 点断开观察其断面组织，如图 5-31 所示。可以看出，节点 A 处的组织较为紧密，微滴之间的黏结性较好，造成这种现象的主要原因在于微滴之间的多次熔合使得微滴之间的黏合强度更高；节点 B 处的组织较为疏松，微滴之间存在着空隙，这主要是由于微滴熔合次数较少造成的；节点 D 处的组织呈线形，微滴之间的黏结性在所有节点里面最好，这主要是由于此处是成形路径的拐点处，连续 2 次的微滴熔合造成微滴黏结成一个整体，形成一种线性组织；将薄板从 C 点断开，观察其断面组织可以发现，断面较为平整，组织致密，这主

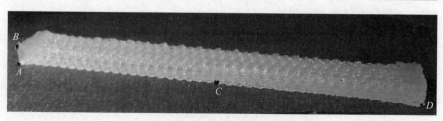

图 5-30　微滴堆叠成形的长方体薄板

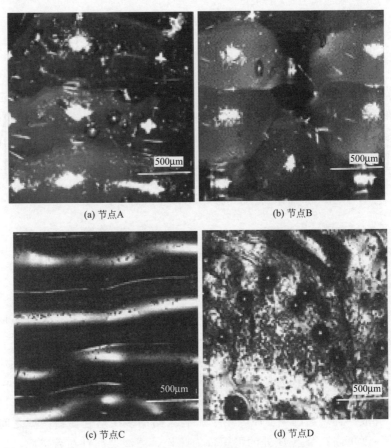

(a) 节点A　　　　　　　　(b) 节点B

(c) 节点C　　　　　　　　(d) 节点D

图 5-31　微滴堆叠成形长方体薄板节点微观组织

要是由于此截面的微滴都会经历多次微滴熔合，使得微滴之间黏结较为紧密。上述试验分析结果与模拟计算得到的零件成形过程中的温度分布规律和不同节点微滴的热循环变化曲线基本吻合，验证了本研究所建模型的有效性和正确性。

5.3.2　金属

金属微滴沉积技术在微电路印刷、薄壁金属零件、多孔金属零件、异质材料零件等工业领域具有广阔的应用前景。金属微滴按需喷射的方式主要有两种，接触式和非接触式。接触式微滴制备是在喷射腔内液体自由表面施加脉冲气压或通过压电振动挤压喷射腔内的流体。非接触式微滴喷射采用恒定磁场和脉冲电流交互作用下产生的脉冲电磁力作为驱动力，在周期性电磁力作用下，迫使喷射腔内部流体从喷嘴端口处周期性断裂成滴。

柔性导线是柔性电子器件的重要组成部分，通过将导电材料微滴喷射到柔性基体上，可实现柔性电路的制造。张楠等人以柔性低熔点的镓铟合金为导电材料打印柔性导线，在脉冲电流频率为50Hz，电流在32～36A之间，可以实现电流脉冲频率与微滴产生频率的同步，无拖尾现象，实现一个电流脉冲对应一个液态金属微滴的形成。得到的柔性导线不仅具备高的变形能力和电导率，且无毒性。肖渊等人建立了单颗微滴撞击植物表面后沉积变形模型，模拟微滴与织物基底的碰撞与渗透过程，并通过实验验证了其准确性，同时提出一种微滴喷射与化学反应相结合的织物表面导电线路成形的方法。以棉织物为基板，进行点阵和导线沉积试验，随着基板速度的变化，成形的线宽先增大后减小，在0.40mm/s时，线宽达到最大，成形线宽较均匀。

Tseng等人研究了成形金属部件的液滴产生理论，开发了基于液体射流的线性稳定性理论的适当公式。根据理论结果，设计和制造液滴发生器以产生蜡和锡合金液滴，并在较宽范围的射流速度、频率和液滴尺寸下进行了实验验证。在最佳条件下可以控制液滴尺寸的尺寸偏差小于3%，并且可以将沉积层的形状变化控制在其沉积宽度的3%以内。

金属微滴在沉积过程中，通常角部金属液滴的过度重叠会影响打印件的质量。为了解决过度重叠问题，Zhang D等人首先分析了角点过度重叠的原因，提出了角点过度重叠的数学模型。然后根据等打印轨迹的转角和液滴数对液滴的中心距进行优化补偿，使相邻液滴之间的距离适中。经沉积实验表明，采用该方法可显著提高成形件的质量。

Yamaguchi等人使用一个压电驱动的执行机构沉积熔点为47℃的合金（Bi-Pb-Sn-Cd-In）。他们把材料加热到55℃，并从直径$200\mu m$、$50\mu m$和小于$8\mu m$的喷嘴中喷出，打印制品如图5-32(a)。液滴越小成形细节越好，部分零件填充率能达到98%。

在Wenbin C等人的研究中，将铝加热到750℃熔化，利用氩气产生脉冲压力，驱动熔融的铝液以液滴的形式从0.3mm直径的喷头射出，液滴的大小和形成速率由频率、施加时间和脉冲间隔来控制，整个工作空间充入氩气，防止铝液氧化。脉冲气体压力介于20～100kPa之间，脉冲宽度30～130ms，脉冲间隔20～40ms。采用该方法制造的零件如图5-32(b)所示，实验表明通过直径0.3mm的石墨喷嘴每秒产生 1～5 滴较为合适，当铝液滴的初速度增大到 8.1m/s 时相对密度可达到 92%。

(a) 滴制而成的微型房屋

1cm   1cm

(b) 铝制零件

图 5-32　金属打印制品

由于金属材料具有磁响应和导电性，相较于其他材料，液体金属也可使用电磁力作为驱动。Luo Z 等人研究了一种按需喷射电磁打印工艺，如图 5-33 所示，引入外部电磁场和内部脉冲电流通过液体金属，使金属受由此产生的电磁力驱动。

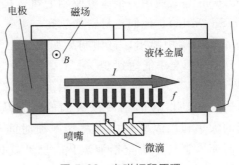

图 5-33　电磁打印原理

5.3.3 陶瓷

近年来，陶瓷因具有耐高温、耐腐蚀及特殊的功能性，越来越受到研究者的关注，在陶瓷喷墨打印方面取得了重大的进步。以陶瓷粉末为主要原料的材料喷射 3D 打印技术被称为直接陶瓷喷墨打印（direct ceramic-ink-jet printing，DCIJP）。直接陶瓷喷墨打印所使用的陶瓷墨水一般由陶瓷微粉、分散剂、黏合剂、溶剂及其他辅料构成，陶瓷粉末很好地分散在液相载体中是至关重要的。含有陶瓷粉末的"墨水"悬浮液必须具有流体性质，从打印机的喷嘴喷出后必须移除"墨水"中的载体并烧结得到粉末烧结物。

1995 年 Blazdell 等人首先用连续式喷墨打印机在不同材质的底板上打出了 10～110 层的 ZrO_2 坯体。由于墨水挥发性不好，致使出现上层负荷把下层压坏的现象。1996 年 Teng 等人对墨水的沉积和黏度进行了全面的最优化研究。

Tay 等人的实验是用氧化锆粉末、溶剂和其他添加剂的混合物进行的，将这种混合"墨水"在压力下从直径 $62\mu m$ 的喷嘴印刷到距离 6.5mm 的基底上。研究发现，单层打印时，在沉积材料易扩散的基片上，相邻的墨滴会合并成单个较大的墨滴，而在其他基片上，各个点相对独立。在多层堆叠印刷的实验中，沉积的结果是不平整的，充满了山脊和山谷，见图 5-34。

图 5-34　300 层堆叠打印结果

Zhao 等人将氧化锆悬浮在溶剂中制成墨水，采用按需喷射方法在微尺度上打印出了英国的汉普顿宫廷。每铺设下一层之前都要使用热风机对上一层进行加热干燥，因此样品在 1450℃ 下烧结接近全密度。图 5-35(a) 所示为不同墙体厚度的打印制品。图 5-35(b) 所示垂直墙体厚度为 3 个液滴直径，高度方向堆叠厚度达 1800 层。

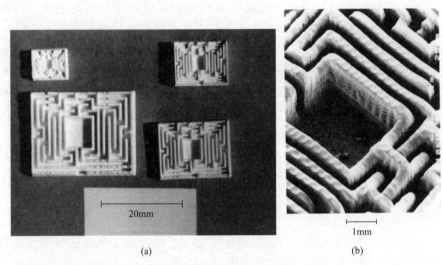

(a)　　　　　　　　　　　　　(b)

图 5-35　直接陶瓷喷墨打印英国汉普顿宫廷的迷宫模型

5.3.4　水凝胶

水凝胶被定义为具有物理或化学交联的亲水聚合物链在大量水中膨胀的三维立体网络的材料。这些材料有许多重要的应用，包括作为生物医学基质、药物传递系统、传感器和用作软体机器人的人造肌肉。然而，尽管水凝胶的应用前景广阔，但由于传统制造技术难以将原材料加工成复杂的功能器件，水凝胶的实际应用受到了阻碍。如今，3D 打印通过一层一层地按顺序打印"墨水"，从数字结构中构建 3D 对象，可以为组织工程制造复杂的水凝胶支架。

Lee W 等人提出了一种方法来创建多层工程组织复合材料，包括模拟人皮肤层的成纤维细胞和角质形成细胞（图 5-36）。采用直接打印胶原蛋白水凝胶前体、成纤维细胞和角质形成细胞的 3D 打印平台，实现细胞的 3D 打印。打印出的含有细胞的胶原蛋白层，在接触雾化的碳酸氢钠溶液后产生交联。在平面组织培养皿上以逐层方式重复该过程，产生两个不同的内成纤维细胞和外角质形成细胞的细胞层。为了证明在非平面表面上印刷和培养多层细胞水凝胶复合材料以用于包括皮肤伤口修复在内的潜在应用的能力，该技术在具有 3D 表面轮廓的聚二甲基硅氧烷（PDMS）模具上进行测试。在平面和非平面表面上观察到每个细胞层的高度可行的增殖。研究结果表明，器官型皮肤组织培养是可行的，按需细胞打印技术未来可用于创建针对伤口形状的皮肤移植物或用于疾病建模和药物测试的人工组织。

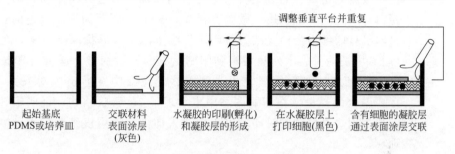

调整垂直平台并重复

| 起始基底 PDMS或培养皿 | 交联材料表面涂层（灰色） | 水凝胶的印刷(孵化)和凝胶层的形成 | 在水凝胶层上打印细胞(黑色) | 含有细胞的凝胶层通过表面涂层交联 |

图 5-36　细胞直接 3D 打印平台

5.3.5　生物材料

组织工程和再生医学方法已经成为恢复、修复或替换包括器官移植在内的受损或丢失的人体组织/器官领域的有前景的技术。组织工程旨在生产生物替代品，以克服传统临床治疗对受损组织或器官的局限性。组织工程背后的主要方法之一是在体外培养相关细胞以形成所需的组织或器官，然后再植入体内。近年来，组织工程取得了许多成功。然而，这些成功仅限于相对较薄的组织结构，如皮肤和膀胱。这些工程组织可以通过从宿主血管中扩散营养物质来支持。然而，当工程组织的厚度超过 $150\sim200\mu m$ 时，就会超过氧扩散的极限。因此，组织工程技术人员必须在工程组织中建立功能血管，为细胞提供氧气和营养，并去除废物。这是传统组织工程中尚未解决的问题。

一种以可控的方式生产包括细胞或细胞外基质在内的复杂生物制品的新方法称为生物打印或生物制造，它有效利用了快速成形原理和细胞负载的生物材料（通常是水凝胶）相结合。以细胞球体作为构建块用于创建三维功能组织/器官。它根据患者的需要提供人工组织/器官，提供了与器官移植相关的器官短缺的替代解决方案。

通常，3D 生物打印可以通过两种方法实现：基于孔板的打印和无孔打印。基于孔板的打印具有两种形式：基于液滴的和基于长丝的，取决于沉积的材料的形状。前者以喷墨印刷为代表，后者主要通过挤出沉积来实现。无孔印刷主要通过激光诱导正向转移技术来实现，该技术也是基于喷射的。与基于激光的技术相比，喷墨通常有利于实施和提高效率，尤其是在印刷黏性较低的生物材料时。与挤出沉积相比，喷墨能够制造空间异质结构。

在 Xiaofeng Cui 等人的研究中发现，可以使用改进的热喷墨打印机，使用按需滴定聚合的方式将人微血管内皮细胞与适当的生物材料（纤维蛋白）一起同时沉积用于微血管制造。图 5-37 所示为采用改进的热喷墨打印机打印纤维蛋白支架。打印后纤维蛋白支架形状保持正常，在 Y 轴（用 B 中的箭头表示）只观察到印刷图案的轻微变形。这种打印技术的使用证明其对细胞的损害很小，能够发现细胞在通道内对齐并增殖，形成融合的衬里。在印刷图案中也发现了 3D 管状结构，证明了细胞和支架采用热喷墨法同时印刷可以促进人体微血管内皮细胞增殖和微血管形成。

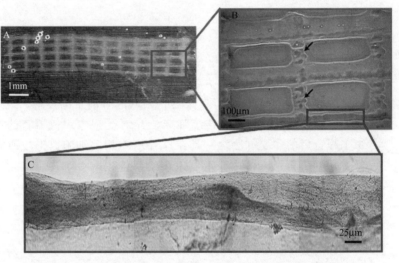

图 5-37　采用改进的热喷墨打印机打印纤维蛋白支架

Tao X 等人在研究中，通过这种方式打印出了初始胚胎海马和皮质神经元的复杂结构。免疫染色分析和全细胞膜片钳记录显示胚胎海马和皮质神经元在通过热喷墨喷嘴印刷后维持基本的细胞特性和功能，包括正常、健康的神经元表型和电生理特征。另外，通过细胞株和纤维蛋白凝胶的交替喷墨打印使神经细胞层层叠加。这些结果和发现共同表明，喷墨打印正在迅速发展成数字制造方法，以构建最终可在神经组织工程中应用的功能性神经结构。

同样，在生物领域，Khalil 等人介绍了一种用于生物聚合物沉积的新型方法，用于自由形成能够沉积生物活性成分的三维组织支架。基于天然聚合物和合成聚合物的水凝胶对细胞封装是一种很好的选择，水凝胶对组织工程的新领域如基质有很好的应用前景。研究者设计开发了一种多喷嘴生物聚合物沉积系统，可用于沉积海藻酸钠溶液。如图 5-38 所示，气动微型阀是典型的机械阀，通过施加的气压打开和关闭阀门，并由控制器调节。该系统可以在挤出或液滴模式下工作。在挤压模式下，控制器施加压力将活塞提升挤压弹簧打开阀门，弹簧将针头从针座上抬起。施加压力将生物聚合物材料从喷嘴尖端挤出，该压力通过材料输送系统调节。当控制器将针头放回针座而关闭阀门时，挤压结束。以此方式实现连续模式。另外，气动阀可以以液滴模式进行。同时操作多个气动阀以在三维海藻酸盐支架的开发中进行异质沉积。在三维海藻酸盐支架的研制过程中，同时操作多个气动阀进行非均相沉积。沉积过程是生物相容的并且在室温和低压下发生以减少对细胞的损害。与其他系统相比，该系统能够在支架构建的同时，沉积具有精确空间位置的、数量可控的细胞、生长因子或其他生物活性化合物，以形成明确的细胞组织结构。

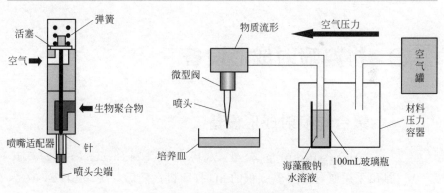

图 5-38　气动微型阀系统原理

在挤出模式中，材料在施加的压力下从喷嘴尖端挤出。该模式基本上可以以线形结构的形式放置材料，以通过在设计路径中将喷嘴尖端移动到基板上来创建期望的模型。可以逐层重复该过程以形成三维形状的部件。

在液滴模式中，材料以液滴的形式沉积，通过使用喷嘴系统设置中的频率函数和关键参数来控制。液滴模式可以通过在基板上的预期位置处沉积多个液滴来形成结构化层。类似地，可以重复该过程以制造 3D 结构。

5.4　材料喷射成形技术的优缺点

材料喷射成形技术可以打印两种或两种以上的材料。支撑材料可以与成形材料不同，支撑结构的去除过程变得十分简单。调节不同材料的配比，能够组合生产多种材料的产品。在同一件打印制品中，可以兼容不同的材料特性。多年来，零件制造只具有同一种颜色，但如果给 3D 打印机中添加不同颜色（黄色、青色、黑色）的物料，能够组合出不同的颜色或形成不同透明度，实现立体全彩 3D 打印。打印机工作过程无环境污染，适合办公环境。

相比其他 3D 打印方式，材料喷射成形技术对于原材料的种类及粒度要求都很高，材料开发难度大，目前可供喷射打印的材料十分有限，并且价格昂贵。墨水液滴的大小限制了打印点的最大高度，很难制备 Z 轴方向具有不同高度的三维结构，且不能打印内部多孔结构模型。

5.5　材料喷射成形设备

5.5.1　聚合物喷射成形设备

Sanders Prototype 公司（2011 年被美国 Stratasys 收购）于 1994 年推出采用蜡材料喷墨沉积的 3D 打印机；随后，美国 3D Systems 公司在 1996 年和 1999 年分别推出了沉积蜡材料喷墨打印设备 Actua 2100 和 Thermjet。3D Systems 公司提出加入活性成分以在成形后固化加强。美国温太克公司在选择性沉积材料中加入了可光固化组分，提高了力学性能。以上探索采用了光固化组分，但其仅作为助剂辅助增强，主材料依然是蜡材料。

2000 年，以色列 Objet Geometries 公司（该公司已与 Stratasys 公司合并）推出采用光固化材料的喷墨打印机 PolyJet，其采用紫外光可固化聚合物喷墨沉积后光固化实现每层打印，即其固化并不依赖蜡的相变而依靠光固化反应。2008 年该公司发布了新的技术 PolyJet Matrix，是全球首例可以实现不同模型材料同时喷射的技术。

2008 年，美国 Stratasys 公司推出 Objet500 Connex3 快速成形系统，是有史以来世界首台能同时使用多色与多材料的 3D 打印机，图 5-39 所示为 Objet500 Connex3 彩色打印机及其打印的制品。Stratasys 公司的 J750 和 J735 是全球首款全彩多材料 3D 打印机，可同时混合 6 种材料，实现 50 万种颜色，不同的纹理、透明度和软硬度。搭载 Voxel Print 软件，可在体素级控制材料，实现更逼真的色彩，利用创造出的数字材料，混合出不同的材料特性，所有制造过程都在一次打印操作中完成。

图 5-39　Objet500 Connex3 彩色打印机及其打印制品

Solidscape 作为全球最大的 3D 打印机制造商 Stratasys 旗下子公司，是全球高精度 3D 打印机的龙头企业。公司成立于 1994 年，其代表产品有 Solidscape S300 系列（S350、S370 和 S390）和 Solidscape S500 型蜡模 3D 打印机。其中 S300 系列主要用于珠宝蜡模制造，可产生精确复杂的几何形状及卓越的表面光洁度，而 S500 主要用于工业精密铸件。

Solidscape 公司的蜡模打印采用喷墨打印技术，主要有以下技术特点（见图 5-40）：①除打印填充实体外，还构建了详细的固体蜡支撑结构；②打印使用两个喷头，沿 X、Y 和 Z 轴精确定位材料的位置，分别先后成形两种材质；③每层打印完成后，旋转铣刀对每一层打印层进行平整，可控制的层厚可达 $50\mu m$，使成形精度进一步提高。

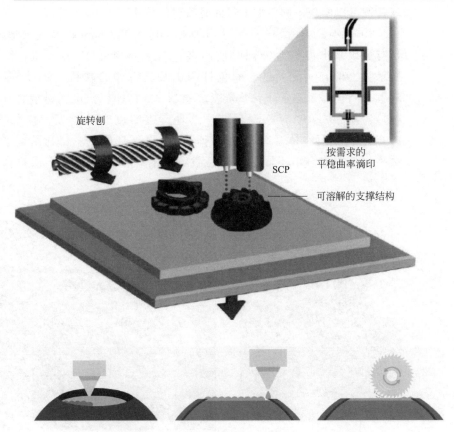

旋转刨

SCP

按需求的
平稳曲率滴印

可溶解的支撑结构

图 5-40　Solidscape 蜡模 3D 打印工作原理与过程

　　目前该公司的蜡模打印精度全球最高，具有独特的 Solidscape 的平滑曲率打印技术（smooth curvature printing，SCP），将精确的按需喷射与细致的铣削结合在一起。Solidscape 3D 打印技术最高精度可达 $6\mu m$，表面粗糙度可达 $0.81\mu m$，可 100% 直接用于工业铸造，其蜡模成品不会受到温湿度影响而产生形变。在美国宇航局 NASA、通用电气 GE、蒂芙尼 Tiffany&Co、施华洛世奇 Swarovski、卡地亚 Cartier、古驰 Gucci、丰田汽车 TOYOTA 等机构、企业均有使用，广泛应用于生物医学产品、骨科、牙科、假肢、珠宝、玩具、教育、工业、体育用品等行业。无需任何的后期加工打磨，也不会存在粉尘污染及废料。图 5-41 所示为 Solidscape 公司生产的 Solidscape S300 系列与 Solidscape S500 型蜡模 3D 打印机及打印制品。

图 5-41 Solidscape S300 系列与 Solidscape S500 型蜡模 3D 打印机及打印制品

5.5.2 金属喷射成形设备

　　Vader Systems 团队致力于为低成本金属 3D 打印生产提供解决方案，其专利磁铁喷射技术（Magnet-o-Jet^{TM} technology）是基于磁流体动力学（magnetohydrodynamics，MHD）的应用。具体而言，将卷绕的金属丝连续送入陶瓷加热室中，并以电阻加热熔化形成 3mL 液态金属储库，通过毛细作用供给喷射室。线圈围绕在喷射室周围，施加电脉冲后于腔室内产生莫氏流体力学洛伦兹力密度（fMHD），其径向分量产生压力，将液态金属液滴喷出孔口。2013 年，该公司基于 Magnet-o-jet 专利技术，开发了 Polaris 3D 打印机（见图 5-42）。该机器使用金属线材原料而不是粉末，使用电阻和电磁组合加热，通过陶瓷喷嘴喷射高速熔融金属液滴。这种突破性的可扩展技术能够实现高密度部件。Vader 目前采用单喷头工作，每秒产生 1000 个微滴，并具有微米级精度，可以使用的打印材料有铝合金（4043，4047，1100，365，6061，7075）、铜和青铜。

　　以色列 XJet 公司是纳米喷射（nano particle jetting，NPJ）3D 打印技术的开发者，其在 2016 年推出 Carmel700 和 Carmel1400 两款 3D 打印机，都采用 XJetCarmelAM 系统。系统会将一种含有金属纳米粒的液体墨水喷射到基板上，然后再按常规方法一层层地构建对象。成形腔内的高温会使液体蒸发，留下一个固体金属零件。该技术每秒可沉积 2.22 亿滴液滴，带来了前所未有的生产速度和无与伦比的尺寸精度。采用 NPJ

技术打印的金属制品如图 5-43 所示。经过进一步的开发，NPJ 技术也能用于 3D 打印陶瓷零件。

图 5-42　Polaris 3D 打印机

图 5-43　XJetCarmelAM 系统的 3D 打印金属制品

5.5.3　陶瓷喷射成形设备

XJet 公司使用喷墨沉积金属材料进行 3D 打印取得成功后，又开发出了陶瓷纳米颗粒喷射技术，用于 3D 打印陶瓷坯件。这些坯件随后会被烧结形成零件，其支撑结构可以手动拆除，制品如图 5-44 所示。

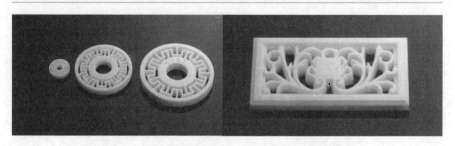

图 5-44　XJet 公司采用 NPJ 技术生产的陶瓷制品

参考文献

［1］ 郭璐. 3D 打印技术发展综述[J]. 工业技术创新，2016，3（6）：1288-1292.

［2］ 郭瑞松，齐海涛，郭多力，等. 喷射打印成形用陶瓷墨水制备方法[J]. 无机材料学报，2001，16（6）：1049-1054.

［3］ Blazdell P F, Evans J R G. Application of a continuous ink jet printer to solid freeforming of ceramics［J］. Journal of Materials Processing Tech，2000，99（1）：94-102.

［4］ Slade C E. Freeforming Ceramics Using a Thermal Jet Printer[J]. Journal of Materials Science Letters，1998，17（19）：1669-1671.

［5］ De Gans B J, Duineveld P, Schubert U. Inkjet Printing of Polymers: State of the Art and Future Developments[J]. Advanced Materials，2004，16（3）：203-213.

［6］ 朱东彬，楚锐清，张晓旭，等. 陶瓷喷墨打印机理研究进展[J]. 机械工程学报，2017，53（13）：108-117.

［7］ Le H P. Progress and Trends in Ink-jet Printing Technology［J］. Journal of Imaging Science & Technology，1998，42（1）：49-62（14）.

［8］ Wu H C, Lin H J. Effects of Actuating Pressure Waveforms on the Droplet Behavior in a Piezoelectric Inkjet[J]. Materials Transactions，2010，51（12）：2269-2276.

［9］ Xu C, Chai W, Huang Y, et al. Scaffold-free inkjet printing of three-dimensional zigzag cellular tubes.［J］. Biotechnology & Bioengineering，2015，109（12）：3152-3160.

［10］ Chen A U, Basaran O A. A new method for significantly reducing drop radius without reducing nozzle radius in drop-on-demand drop production[J]. Physics of Fluids，2002，14（1）：L1-L4.

［11］ Wu H C, Lin H J. Effects of Actuating Pressure Waveforms on the Droplet Behavior in a Piezoelectric Inkjet[J]. Materials Transactions，2010，51（12）：2269-2276.

［12］ 张楠，林健，王同举，等. 用于打印柔性导线的液态金属微滴制备过程研究[J]. 电子元件与材料，2018，v. 37；No. 317（07）：5-11.

［13］ 肖渊，申松，张津瑞，等. 微滴撞击织物表面沉积过程建模研究[J]. 东华大学学报（自然科学版），2017（3）.

［14］ 肖渊，吴姗，刘金玲，等. 织物表面微滴喷射反应成形导电线路基础研究[J]. 机械工程学报，2018，54（7）：216-222.

［15］ Lee M. Design and operation of a droplet deposition system for freeform fabrication of metal parts[J]. Journal of Engineering Materials & Technology，2001，123（1）：74-84.

［16］ Zhang D, Qi L, Luo J, et al. Geometry control of closed contour forming in uniform micro metal droplet deposition manufacturing[J]. Journal of Materials Processing Technology，2017，243：474-480.

［17］ Yamaguchi K, Sakai K, Yamanaka T.

Generation of three-dimensional micro structure using metal jet[J]. Precision Engineering, 2000, 24(1): 2-8.

[18] Cao W, Miyamoto Y. Freeform fabrication of aluminum parts by direct deposition of molten aluminum[J]. Journal of Materials Processing Technology, 2006, 173(2): 209-212.

[19] Luo Z, Wang X, Wang L, et al. Drop-on-demand electromagnetic printing of metallic droplets[J]. Materials Letters, 2017, 188: 184-187.

[20] De Gans B J, Duineveld P, Schubert U. Inkjet Printing of Polymers: State of the Art and Future Developments[J]. Advanced Materials, 2010, 16(3): 203-213.

[21] Gans B J D, Kazancioglu E, Meyer W, et al. Ink-jet Printing Polymers and Polymer Libraries Using Micropipettes[J]. Macromolecular Rapid Communications, 2004, 25(1): 292-296.

[22] Jiao Z, Li F, Xie L, et al. Experimental research of drop-on-demand droplet jetting 3D printing with molten polymer: Research Article[J]. Journal of Applied Polymer Science, 2018, 135(9): 45933.

[23] 解利杨, 马润梅, 迟百宏, 等. 工艺参数对聚合物熔体喷射成滴的影响[J]. 中国塑料, 2016, 30(8): 55-59.

[24] Blazdell P F, Evans J R G, Edirisinghe M J, et al. The computer aided manufacture of ceramics using multilayer jet printing[J]. Journal of Materials Science Letters, 1995, 14(22): 1562-1565.

[25] Teng W D, Edirisinghe M J, Evans J R G. Optimization of Dispersion and Viscosity of a Ceramic Jet Printing Ink[J]. Journal of the American Ceramic Society, 1997, 80(2): 486-494.

[26] Tay B Y, Edirisinghe M J. Investigation of some phenomena occurring during continuous ink-jet printing of ceramics[J]. Journal of Materials Research, 2001, 16(2): 373-384.

[27] X Z, Evans J R G, Edirisinghe M J, et al. Direct Ink-Jet Printing of Vertical Walls[J]. Journal of the American Ceramic Society, 2002, 85(8): 2113-2115.

[28] Calvert P. Hydrogels for Soft Machines[J]. Advanced Materials, 2009, 21(7): 743-756.

[29] Lee W, Debasitis J C, Lee V K, et al. Multi-layered culture of human skin fibroblasts and keratinocytes through three-dimensional freeform fabrication[J]. Biomaterials, 2009, 30(8): 1587-1595.

[30] Jain R K, Au P, Tam J, et al. Engineering vascularized tissue[J]. Nature Biotechnology, 2005, 23(7): 821-823.

[31] Atala A, Bauer S B, Soker S, et al. Tissue-engineered autologous bladders for patients needing cystoplasty. [J]. Lancet, 2006, 367(9518): 1241-1246.

[32] Mehesz A N, Brown J, Hajdu Z, et al. Scalable robotic biofabrication of tissue spheroids[J]. Biofabrication, 2011, 3(2): 025002.

[33] Wüst, Silke, Müller, et al. Controlled Positioning of Cells in Biomaterials-Approaches Towards 3D Tissue Printing[J]. Journal of Functional Biomaterials, 2011, 2(3): 119-154.

[34] Boland T, Tao X, Damon B J, et al. Drop-on-demand printing of cells and materials for designer tissue constructs [J]. Materials Science & Engineering C, 2007, 27(3): 372-376.

[35] Dellinger J G. Robotic deposition of model hydroxyapatite scaffolds with multiple architectures and multiscale porosity for

bone tissue engineering [J]. Journal of Biomedical Materials Research Part A, 2010, 82A（2）: 383-394.

[36] Koch L, Kuhn S, Sorg H, et al. Laser Printing of Skin Cells and Human Stem Cells[J]. Tissue Eng Part C Methods, 2010, 16（5）: 847-854.

[37] Cui X, Boland T. Human microvasculature fabrication using thermal inkjet printing technology [J]. Biomaterials, 2009, 30（31）: 6221-6227.

[38] Xu T, Gregory C A, Molnar P, et al. Viability and electrophysiology of neural cell structures generated by the inkjet printing method [J]. Biomaterials, 2006, 27（19）: 3580-3588.

[39] Khalil S, Nam J, Sun W. Multi-nozzle deposition for construction of 3D biopolymer tissue scaffolds[J]. Rapid Prototyping Journal, 2005, 11（1）: 9-17.

[40] 赵佳睿，杨颖. 3D 喷墨打印光固化材料专利技术综述 [J]. 科技创新与应用, 2017（19）.

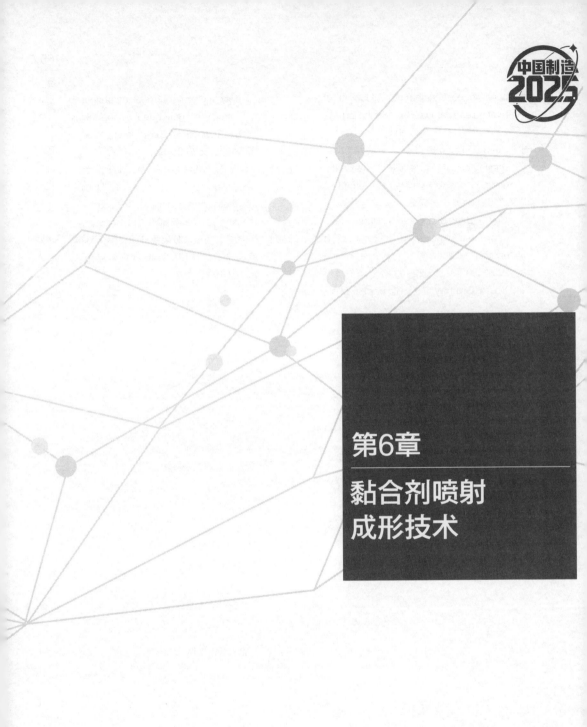

第6章

黏合剂喷射
成形技术

黏合剂喷射（binder jetting，BJ）顾名思义是一种通过喷射黏合剂使粉末成形的增材制造技术。和激光烧结技术类似，该工艺也使用粉末床（powder bed）作为基础，但不同的是，该技术使用喷墨打印头将黏合剂喷到粉末里，从而将一层粉末在选择的区域内黏合，每一层粉末又会同之前的粉层通过黏合剂的渗透而结合为一体，如此层层叠加制造出三维结构的物体。

黏合剂喷射成形技术是一种基于离散堆叠思想和微滴喷射的增材制造方法，最早是麻省理工学院（MIT）于 20 世纪 90 年代初期开发的，属于非成形材料微滴喷射成形范畴。Emanual Sachs 在 1989 年申请的 3DP（three-dimensional printing）专利也是该范畴的核心专利之一。1992 年，麻省理工学院 Emanual Sachs 等人利用平面打印机喷墨的原理成功喷射出黏性溶液，结合三维增材制造的思路，以粉末为原料生产获得三维实体，也就是三维印刷（3DP）工艺。1995 年，Jim Bredt 和 Tim Anserson 在喷墨打印机的基础上进行改进，把黏合剂喷射到粉末床之上完成实体制造。尽管 BJ 工艺是于 20 世纪 90 年代提出的，但经过了十几年的发展，直到 2010 年才形成商业化。

6.1 黏合剂喷射成形技术的基本原理

黏合剂喷射成形技术具有加工处理金属/合金（包括铝基、铜基、铁基、镍基和钴基合金等）、陶瓷（包括玻璃、沙子、石墨等）、石膏、聚合物（包括聚甲基丙烯酸甲酯、聚甲醛、聚苯乙烯、聚乙烯、石蜡等）、铸造沙以及制药应用的有效成分等的能力。理论上黏合剂喷射成形技术可以使用任何粉末形式的材料并且可以进行彩色印刷。由于黏合剂喷射成形技术在建造过程中不涉及加热，与选择性激光熔融技术和电子束熔融技术不同，在零件中不会产生残余应力，故目前更倾向于采用黏合剂喷射成形技术加工生产金属/陶瓷基两种材料的制品。金属/陶瓷是固体粉末态，黏合剂通常为液态，黏合剂材料将金属/陶瓷粉末材料黏合在层间和层内。

黏合剂喷射成形技术打印流程与其他增材制造打印过程类似。具体如图 6-1 所示，首先需要建立三维模型，并转换为 STL 格式文件，规划打印路径生成相应代码，确定粉体材料，确定黏合剂材料；在成形坯制造阶段，先在打印平台上平铺一薄层原料粉末，打印头选择性地将黏合剂液滴沉积到粉末床中，液滴与粉末颗粒发生黏结作用后形成的固态单元为该打印层的基元，一旦印刷完一层，粉末进料活塞上升，制造活塞下降，反向旋转的辊子在前一层的顶部扩散一层新的粉末。如此层层叠加，得到一个初步黏结而成的坯体。

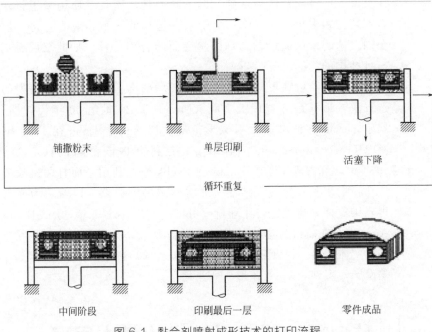

铺撒粉末　　　　　单层印刷　　　　　活塞下降

循环重复

中间阶段　　　　印刷最后一层　　　　零件成品

图 6-1　黏合剂喷射成形技术的打印流程

由于黏合剂喷射成形技术所生产的坯体强度通常较低，还需要进行一系列后处理，如固化、脱粉、烧结、渗透、退火和精加工。

按照打印方式对黏合剂喷射成形技术进行区分，可以分为热发泡式（例如美国 3D Systems 公司的 Zprinter 系列，原属 Z Corporation 公司）、压电式 3D 打印（例如美国 3D Systems 公司的 ProJet 系列以及以色列 Objet 公司的 3D 打印设备）、投影式 3D 打印（例如德国 Envisiontec 公司的 Ultra、Perfactory 系列）等。

目前黏合剂喷射成形技术可应用于以下几个方面。

（1）微型器件制造

黏合剂喷射成形技术精度基于打印喷头而定，随着喷头技术的发展，微喷射黏合成形工艺的精度也在迅速提高，高达 0.01mm，可以用于制造微型器件。

（2）复杂结构体制造

黏合剂喷射成形技术由于工艺原因可以制造结构复杂的零件而不受其形状的制约，对于复杂模型的制造有很大的优势。

（3）药物制剂

黏合剂喷射成形技术可以用于具有复杂多孔结构缓释药物的生产，精确控制不同位置药物的材料与含量，使药物浓度保持在最佳水平，减少药物浪费并提高治疗效果。

（4）医学组织工程

黏合剂喷射成形技术在成形材料的选择方面十分广泛，在生物方面比其他快速成形方式有着无可比拟的优势，可以制造人体组织用以修复和改善人体器官状况，在医学方面有着很大的应用前景。

（5）快速制模

黏合剂喷射成形技术可用于模具的快速制造，利用喷射的树脂黏合剂黏结砂型粉末材料，即可得到成形精度高的复杂形状的模具。

Z Corp 公司使用石膏（plastor）作为主要的材料，依靠石膏和以水为主要成分的黏合剂之间的反应而成形。Z Corp 产品最大的亮点当属全彩打印，这在 Objet 等公司尚未出现的时候成了唯一一种可以打印全彩的技术。如同纸张喷墨打印机一样，黏合剂可以被着色，并且依靠基础色混合（CMYK）而将粉末着色，从而制造出如图 6-2 所示的在三维空间内都具备多种颜色的模型。这种方式制造出的模型多用于快速成形和产品设计时所制造的模型。Z Corp 在 2012 年被 3D Systems 公司收购，并被开发成了 3DS 的 colorjet 系列打印机。

图 6-2　黏合剂喷射成形技术全彩打印模型

使用黏合剂喷射成形技术打印金属的技术被 ExOne 公司（曾命名 ProMetal）所商业化。当制造金属零件时，金属粉末被一种主要功能成分为 thermosetting 高分子的黏合剂所黏合而成形为原型件，之后原型件从 3D 打印机中取出并放到熔炉中烧结得到如图 6-3 所示的金属成品。由于烧结后的零件一般密度较低，因此为了得到高密度的成品，ExOne 还会将一种低熔点的合金（如铜合金）在烧结过程中渗透（infiltrate）到零件中。尽管最初 ExOne 制造的产品多以不锈钢为主，但如今已有多种金属材料（如镍合金 Inconel），以及陶瓷材料（如 tungsten carbide）可供选择，并在经过一些特殊的后处理技术处理后可以达到 100% 的密度。

图 6-3　ExOne 全密度金属直接成形

利用黏合剂喷射成形技术制造金属的还有一种非直接的方式——铸造（sandcasting）。铸造用砂通过黏合剂喷射成形技术成形模具，之后便可用于传统的金属铸造。这种制造方式的特点是在继承了传统铸造的特点和材料选项的同时，还具备增材制造的特点（如可制造复杂结构等）。Voxeljet 是欧洲的一家黏合剂喷射成形设备生产商专门用于铸造模具生产的设备，但该公司并没有涉足金属的直接制造（directmetal manufacturing）。

6.2　黏合剂喷射成形技术的优缺点

黏合剂喷射成形技术在金属、陶瓷和部分脆性原料加工方面相较于选择性激光熔融技术和电子束熔融技术有着独特的优势，可加工制品体积也明显优于其他快速成形工艺，故该工艺在提出之后20多年得到了广泛的研究发展。

（1）黏合剂喷射成形技术的优点

① 不需要额外的支撑结构来创建悬垂特征　粉末床本身可以实现对于成形坯的支撑功能，不需要在打印过程中将整个零件固定在粉末底部的基座上，这一点和选择性激光烧结很相似。这样有效地省去了打印和去除支撑结构所消耗的原料及时间成本，多余粉末的去除也比较方便，特别适合做如图6-4中所示的内腔较复杂的艺术设计产品原型。

图 6-4　Hoganas 的艺术设计产品

② 成形与烧结过程分开，不存在残余应力　工艺设备虽然具有粉末床但却没有粉末床熔融的过程，而是将粉末的三维成形过程与金属烧结的过程相剥离。由此带来的最大的好处就是成形过程中不会产生任何残余应力；成形坯后期处理过程中可以充分利用从传统的粉末冶金工艺中获得的认识。

③ 可堆叠多个部件一次成形　由于构建部件位于未黏合的松散粉末床上，因此，整个构建体积可以堆叠多个部件，彼此间隙甚至允许仅有几层层厚。

④ 材料选择范围广　由于黏合剂喷射成形技术的成形过程主要依靠黏合剂和粉末之间的黏合，因此众多材料都可以被黏合剂黏成形。同时，在传统粉末冶金中可以烧结的金属和陶瓷材料又有很多，因此很多材料都具备可以使用黏合剂喷射成形技术制造的潜力。

⑤ 一机可同时兼容多种类型的材料　黏合剂喷射成形工艺的打印机可以具有很大的材料选择灵活性，不需要为材料而改变设备或者主要参

数。目前可以使用黏合剂喷射成形技术直接制造的金属材料包括多种不锈钢、铜合金、镍合金、钛合金等。

⑥ 非常适合用于大尺寸的制造和大批量的零件生产　由于黏合剂喷射成形的打印机不需要被置于密封空间中，而且喷头相对便宜，从而在不大幅增加成本的基础上可以制造具有非常大尺寸的粉末床和大尺寸的喷头。外加喷头可以进行如图 6-5 所展示的阵列式扫描而非激光点到点的扫描，因此进行大尺寸零件打印时打印速度也是可以接受的，并且可以通过使用多个喷头而进一步提高速度。例如，ExOne 用于铸造模具打印的 Exerial 打印机就具有 2200mm×1200mm×700mm 的制造尺寸。Voxeljet 甚至通过一种倾斜式粉末床的设计从而可以制造在一个维度上无限延伸的零件。

图 6-5　黏合剂喷射成形技术设备的阵列式喷头

⑦ 适合制造一些使用激光或电子束烧结（或熔融）有难度的材料　一些材料有很强的表面反射性，从而很难吸收激光能量或对激光波长有严格的要求；再如一些材料导热性极强，很难控制熔融区域的形成，从而影响成品的品质。而这些材料在黏合剂喷射成形技术的应用中都成功避免了这些问题。

(2) 黏合剂喷射成形技术的缺点

① 制造金属或陶瓷材料时的密度低　与金属喷射铸模或挤压成形等粉末冶金工艺相比，黏合剂喷射成形技术成形的初始密度较低，因此最终产品经过烧结后密度也很难达到 100%。尽管这种特性对于一些需要疏松结构的应用有益处（如人造骨骼、自润滑轴承等），但对于多数要求高强度的应用却是不令人满意。但是在借助一些后处理的情况下，很多金

属材料还是可以达到 100％密度的。

② 初始制品强度低　制品由粉末材料和黏合剂黏合而成，强度较低，故黏合剂喷射成形技术直接打印的初始制品通常用作概念型模型或装饰品；使用金属、陶瓷等粉末材料作为原料生产具有一定强度的制品，需要对打印产品进行后处理，包括固化、脱脂、烧结等一系列处理，通常需要消耗大量时间。

③ 制品是由粉末原料黏合生产而成，故表面会存在颗粒状的凸起，手感粗糙。

6.3　黏合剂喷射成形技术的适用材料

6.3.1　黏合剂

黏合剂喷射成形技术中所使用的黏合剂总体上大致分为固体和液体两类。固体黏合剂包括聚乙烯醇（PVA）粉、糊精粉末、速溶泡花碱等。液体黏合剂可分为以下几个类型：一是自身具有黏结作用的，如徐路钊研究的 UV 固化胶；二是本身不具备黏结作用的，而是用来触发粉末之间的黏结反应的，如王位研究的去离子水等；三是本身与粉末之间会发生反应而达到黏结成形作用的，如 Sachs E M 等人研究用于氧化铝粉末的酸性硫酸钙黏合剂。目前液体黏合剂应用较为广泛。同时为了满足最终打印产品的各种性能要求，针对不同的黏合剂类型，常常需要在其中添加促凝剂、增流剂、保湿剂、润滑剂、pH 调节剂等多种发挥不同作用的添加剂。

不同的原料粉末体系对应不同的黏合剂体系，因此随着黏合剂喷射成形技术的迅猛发展，对黏合剂的需求也不断提高。王位等人通过加入丙三醇、表面活性剂 K_2SO_4、Surfynol465 等得到了各项指标符合要求的水基黏合剂，并采用 Z310 型打印机制作石膏型 logo 和工艺品。钱超等人使用纳米羟基磷灰石（HA）粉末，以聚乙烯醇（PVA）粉为黏合剂、聚乙烯吡咯烷酮（PVP）为辅助黏合剂，打印制备出各项性能参数满足要求的多孔羟基磷灰石植入体。周攀等人以马铃薯糊精作为黏合剂、聚丙烯酸钠为分散剂，对所配的 Al_2O_3 基陶瓷混合粉末进行打印，研究了混合粉末中黏合剂含量对成形性能、打印件尺寸精度和力学性能的影响。

总体来讲，黏合剂选择标准主要集中在：黏合剂与原料粉末之间的相互作用（润湿性和渗透性）；后处理中脱黏合剂时的黏合剂残留物。这两点直接影响着原坯成形精度以及最终制品的机械强度。

6.3.2　打印材料

目前黏合剂喷射成形技术所适用的原材料主要包括金属/合金（包括铝基、铜基、铁基、镍基和钴基合金）、陶瓷（包括玻璃、沙子、石墨等）、石膏、聚合物、铸造沙以及制药应用的有效成分等。粉末是根据其粒度分布、形态和化学组成来选择的，通常认为在黏合剂喷射成形技术打印所用粉末的粒径范围内，粉末直径越小，流动性越差，制件内部孔隙率大，但所得制件的质量和塑性较好；粉末直径越大，流动性越好，但打印精度较差。同时选用金属或陶瓷等需要烧结的原料加工时，若采用低密度粉末床和超出设备处理能力的超细粉末，会导致原型坯孔隙度难以消除。

以金属打印为例，Yun Bai 等人对黏合剂喷射成形技术以铜为原料进行研究，发现在后处理中，为了降低所需的烧结温度和改善致密性，优选细粉末。然而，在黏合剂喷射中，通常优选大于 $20\mu m$ 的颗粒，以便在重涂步骤中粉末可以成功地扩散。可以使用小颗粒，但是需要控制在较小的体积百分比，一般不能小于 $1\mu m$。球形颗粒形状优于不规则形状，因为它在再涂过程中趋于流动，并且更容易用黏合剂润湿，图 6-6 所示为 Yun Bai 等人制作原型坯的过程。

图 6-6　以铜粉为原料，以 PM-B-SR-1-04 为黏合剂所打印的原型坯

大直径粉适合铺展和包装，但由于低烧结驱动力，会显著地抑制烧结致密化。小直径粉末优选用于烧结，然而，粉末床通常填充性差，并且由于粉末的低流动性和易结块性，粉末重涂困难，黏合剂脱去后最终

制品也会存在孔隙，难以在航空航天等领域作为结构件生产工艺广泛应用。

黏合剂喷射成形技术制得全密度制品有以下几种方法，通过黏合剂喷射制成的金属部件通常用较低熔点的材料渗透以获得完全密度，目前已发现可使用喷雾干燥的颗粒和基于浆料的粉末来克服重新涂覆小直径粉末的困难；粉末压实机制也可提高成形室中粉末堆积密度，液相烧结机制或优化的烧结参数可以一定程度提高烧结密度，压力辅助烧结也已被证明能够在陶瓷的黏合剂喷射中达到全密度。

Yun Bai 等人以铜为原料探究黏合剂喷射成形技术打印全密度制品的方法，发现与用单微粉末印刷的部件相比，使用双峰粉末混合物改善了粉末的填充密度（8.2%）和流动性（10.5%），并且增加了烧结密度（4.0%），同时还减少烧结收缩率（6.4%）。分析认为小颗粒填充大颗粒之间的孔隙所得到的粉末混合物在打印过程中有许多益处，不但可以改善的生坯部分性能（密度和强度），还能减小烧结后的收缩率。这主要是由于当双峰混合粉末用于黏合剂喷射时，原型坯密度增加且小颗粒具有高烧结驱动力。总结得出，当粉末混合物含有烧结收缩率大的小颗粒和烧结收缩率小的大颗粒时，仅使用小颗粒可获得最高密度；当粉末混合物是具有小烧结收缩率的小颗粒和具有大烧结收缩率的大颗粒的组合时，采用双峰混合物可达到最高密度。

往基体粉末中加入不同的添加剂也可以提高打印精度和打印强度。例如加入卵磷脂，可保证打印制件形状，并且还可以减少打印过程中粉末颗粒的飘扬；混入 SiO_2 等一些粉末，可以增加整体粉末的密度，减小粉末之间的孔隙，提高黏合剂的渗透程度；加入聚乙烯醇、纤维素等，可起到加固粉末床的作用；加入氧化铝粉末、滑石粉等，可以增加粉末的滚动性和流动性。

6.4 黏合剂喷射成形设备

以主要加工金属粉末的设备为例，黏合剂喷射成形工艺的打印系统从理论上一般分为三大块：铺粉系统、喷射系统、三维运动系统。如图 6-7 所示，铺粉系统包括铺粉辊筒、供粉机构；喷射系统包括打印喷头和连供墨盒；三维运动系统包括粉腔升降机构、步进电机、导轨、减速器、光栅等。

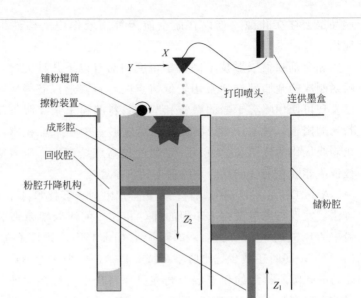

图 6-7　黏合剂喷射成形设备的结构

6.4.1　铺粉系统

与其他增材制造工艺相同，切片层厚度越小，制品表面精度就越高，故在黏合剂喷射成形工艺中若要提高制品表面质量，需要原料粉末粒径相对小，这对铺粉系统提出较高的要求，铺粉系统包括铺粉辊筒、供粉机构。

（1）铺粉辊筒

铺粉辊筒结构如图 6-8 所示，包括轴承、支座、挡粉板、铺粉辊筒、联轴器、直流电机，其中铺粉辊筒最为重要，制造精度和安装精度直接影响着铺粉的质量。

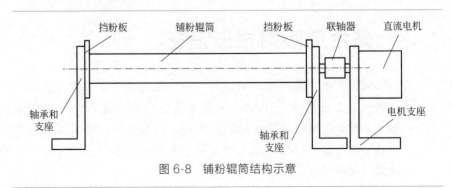

图 6-8　铺粉辊筒结构示意

（2）供粉机构

供粉机构中主要包括成形腔和储粉腔两个仓体，其结构如图 6-9 所示，通常由电机驱动，考虑到打印层厚较小，故设置减速器与电机直接相连，原理如下：成形腔和自身对应的丝杠和导轨固定在一起，当步进电机转动的时候，力经由减速器传递给螺母套件，螺母套件驱动活塞上升或是下降。储粉腔的运动原理与成形腔相同。

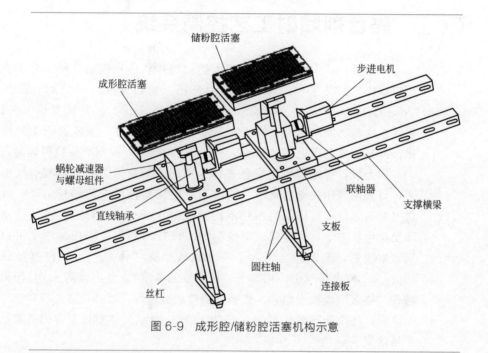

图 6-9　成形腔/储粉腔活塞机构示意

6.4.2　喷射系统

喷射系统所起的作用是将墨水（可能混合有黏合剂）按需喷到事先铺好的粉末上，喷头单位面积上喷孔数目越多，喷孔直径越小，喷头的分辨率也就越高。如果喷孔直径太大，喷出的墨水就越多，这样就有可能使得多余的粉末被黏起来，影响成形精度。

同时，采用阵列式喷头需要注意以下几点：各个喷头直径应尽可能一致，否则黏合剂挤出量不均匀，会对制品质量产生较大影响；喷头体积应适当减小，这样可以在同样的体积排布更多喷头，打印速度和精度均可提高，但不可过小，以免出现黏合剂无法顺利挤出的情况。

6.4.3　三维运动系统

三维运动系统与其他快速成形工艺（如 SLS、EBM、FDM 等）类似，主要控制打印平台和喷头在三维空间中精确运动，按照切片软件规划路径完成打印操作。

6.5　黏合剂喷射工艺控制系统

三维打印技术中软件分为两大类：切片软件和控制软件。为了方便用户操作，国外生产三维打印机的公司，例如美国的 Z 公司和德国的 Voxel Jet 公司，则将两者合二为一，封装成一个。但是从理论上来说，软件系统的功能就两个：将所需三维模型进行切片，变成若干个二维图形；控制三维打印机 X、Y、Z 三个方向的运动，控制喷头喷射运动。

作为可以打印高精度彩色三维模型的成形技术，黏合剂喷射成形工艺可以采用打印头单色喷印、铺粉系统完成彩色粉末的铺粉运动，或是通过喷射系统的打印头将四种不同颜色墨水进行混合形成彩色的墨水喷印至单色粉末上，最终成形彩色模型。该技术对色彩的控制精度可以达到像素级别，惠普甚至引入了一个新的概念"体素"（一种直径仅为 $50\mu m$ 的 3D 度量单位，相当于一根头发的宽度），且惠普的 3D 打印机能够在"体素"级改变色彩、质感、调整机械特性，每秒最高能打印 3.4 亿个体素，打印分辨率在 X-Y 平面为 1200dpi，这自然对控制方面有着极其严格的要求。

6.5.1　单色切片

国际上已经有很多公司开发出了独立的切片软件，例如美国 Materialise 公司开发的 Magics 软件。使用该软件得到的切片文件无法记录制件的颜色，因此所得的制件最终是单色。但是该软件功能强大，满足基本使用要求，其主要特点有：在该软件中能清楚地看到零件（保存格式为 STL）的绝大多数细节，且能进行简单的复制或剪切、标注、测量、镜像、拉伸、偏移、分割、抽壳、阵列等操作；能够对零件的三维模型进行错误检测，并对发现的错误进行修复；能接收 Pro/E、Solidworks、UG、CATIA 等主流三维制图软件所生成的 STL 文件；Z 轴补偿提高了竖直方向上的精度。

6.5.2 彩色切片

STL 文件作为切片软件最为常用的输入文件，有着结构简单、适用范围广等特点，该文件格式是以三角面片的形式存储三维模型，将每个三角面片的顶点、法向量的空间坐标（X、Y、Z）存储起来，但会造成相邻的三角面片的部分顶点重复存储的情况，造成数据存储冗余。此外，STL 文件对实现彩色切片最大的缺陷是其没有存储三维 CAD 模型的颜色信息，这也就意味着打印出的零件都是单色的，不是彩色的。因为一般的模型在通常情况下是彩色的，因此这一不足限制了三维打印技术的应用，特别是模型制造的发展。

因此，需要开发一种能够存储三维 CAD 彩色模型颜色信息的文件格式，比较有代表性的就是以 VRML97 作为三维 CAD 彩色模型文件的输出格式。VRML97 是一种虚拟建模语言，它以节点的形式来存储三维模型信息，通过对节点的索引来获取几何信息。节点的种类不同，表达的模型信息也不一样，具体包括尺寸外观节点（Shape、Appearance）、基本几何体节点（Box、Cylinder、Cone、Sphere）、颜色节点（Color）、材料节点（Material）、几何信息（点、线、面）节点（PointSet、Normal、IndexedLineSet、IndexedFaceSet、Coordinate）等。简单的三维模型只需要一组节点来描述就可以了，复杂的三维模型则需要多组节点的嵌套才能将模型描述清楚。表 6-1 中详细比较了两者的优缺点。

表 6-1 STL 与 VRML97 型文件特性比较

类型	STL	VRML97
数据结构	简单，数据量大	结构好，数据量小
记录方式	重复记录，存在大量冗余数据	索引方式，无冗余数据
相邻关系	无	有
颜色模型	单色	RGB 24 位真彩色
单文件部件数	1 个	多个

通过全部上色或表面上色两种方法实现对三维模型颜色信息的存储。将上色完成后的三维模型的几何数据、颜色信息、材质信息等数据信息进行提取，完成模型的可视化工作，并通过一定的渲染方式实现模型的重构。重构完成的模型首先读取其中携带的几何数据和颜色信息，再根据一定的切片厚度沿着 Z 轴方向进行分层，将过程中得到的交点和交线信息进行连接，即可得到每一层的二维轮廓和其中的颜色信息，对读取

得到的信息进行拓扑关系的建立，得到点点、点面、面面之间的拓扑关系，最终得到了各层的彩色二位截面轮廓。

6.6   黏合剂喷射成形的技术进展

黏合剂喷射成形技术的发展经历了由软材料到硬材料、由单喷头线扫描印刷到多喷头面扫描印刷、由间接制造到直接制造的过程，在打印速度、制件精度和强度等方面的研究也都相对较为成熟，已经在多个领域中发挥着重要的作用，已应用在生物医学、医疗教学、航空航天、模具制造、工艺品制造等诸多领域。

国内目前对黏合剂喷射工艺研究较多的高校有华中科技大学、哈尔滨理工大学、上海交通大学、华南理工大学、南京师范大学、西安理工大学等，研究重点也各有不同。其他一些高校和地方企业也对该技术产生了浓厚的兴趣并展开了一定的研究工作，如南京宝岩自动化有限公司、杭州先临三维科技股份有限公司等都自主研发出了各自类型的黏合剂喷射成形工艺打印机。

国内外学者对黏合剂喷射成形工艺的研究主要集中在黏合剂、打印材料、打印工艺过程以及打印后处理工艺等方面。

6.6.1   成形过程研究进展

打印工艺参数是影响最终制品质量的一个重要因素，通过优化打印参数可以有效提高制品精度和强度。黏合剂喷射工艺中如层高、饱和度、制品方位、喷头与粉层间距、打印速度、铺粉辊转速、打印温度等都会对制品产生影响。通过计算机仿真、正交试验、各类算法和数学建模等，能够有效地优化打印轨迹和打印工艺参数，以保证所得打印制件各方面的质量。

饱和度 S 描述了由黏合剂体积占据的粉末颗粒之间的空隙百分比 V_{air}。饱和度由式(6-1)和式(6-2)确定，并且基于粉末床的填充密度 PR 和固定颗粒在限定的包封中的体积 V_{solid}。V_{binder} 为黏合剂喷射 3D 打印过程中用于黏结粉末颗粒所消耗的黏合剂体积。

$$S = \frac{V_{binder}}{V_{air}} \tag{6-1}$$

$$V_{air} = \left(1 - \frac{PR}{100}\right) \times V_{solid} \tag{6-2}$$

饱和度需要仔细选择，因为它会影响打印制品质量以及最终的烧结密度，足够的黏合剂饱和度可以保证原型坯的强度，相反，若黏结了不需要的松散粉末或黏合剂烧尽后形成孔隙，粉末的过饱和会影响尺寸误差和低烧结密度。

李淑娟等通过神经网络算法构建了打印过程工艺参数和最终打印制件尺寸精度之间的数学模型，并利用遗传算法对打印工艺参数进行优化，得到了尺寸精度较高的打印制件。符柳等采用响应曲面法分析了打印层厚、饱和度对打印制件收缩率的影响，建立了合适的数学模型，经过误差补偿，提高了尺寸精度。

6.6.2　砂型打印技术进展

维捷（Voxeljet）公司使用平均晶粒尺寸为 $190\mu m$ 的沙粒，打印层厚 0.4mm，工作 29h 完成如图 6-10 中所示的柴油发动机缸盖的砂型模具打印，完整的外部尺寸为 $1460mm\times1483mm\times719mm$，且模具不仅具有良好稳定性，也有可拆卸的保护部分。

图 6-10　维捷（Voxeljet）打印的柴油发动机缸盖的砂型模具

维捷（Voxeljet）公司还使用如图 6-11 中所示的 VX4000 打印机，成功为 Nijhuis 公司的一款重达 800kg 的泵与叶轮完成砂模打印工作，高性能的 VX4000 打印机构建尺寸高达 $4m\times2m\times1m$，砂模的尺寸为 $852mm\times852mm\times428mm$，重量为 269kg，共分为 4 个部分来打印，打印时间为 13h，最终制品如图 6-12 所示，且打印的砂模性能良好，铸件没有出现裂纹以及缩孔现象，在测试中没有出现漏水、冒汗等现象。

图 6-11　VX4000 打印机

图 6-12　Nijhuis 公司大型泵与叶轮

瑞典 Digital Metal 公司也推出了高精度的黏合剂喷射金属 3D 打印机 DM P2500，如图 6-13 所示。金属粉末是该公司的部分业务，公司利用其专有的黏合剂喷射成形技术，为超过 20 万的用户生产了小型定制的高精度的部件，现在推出的新款金属 3D 打印机比以前的 3D 打印机更小，能打印更复杂的部分，也可以满足公司或个人自己使用 DM P2500 3D 打印机打印自己的商业化零部件。Digital Metal 公司方面表示：它是理想的定制零件解决方案，并声称它可以打印 $42\mu m$ 层的精度，速度高达 $100cm^3/h$，且打印对象不需要支撑结构。在一般情况下，DM P2500 不仅打印速度快，黏合剂喷射 3D 打印机打印体积更是高达 $2500cm^3$。

图 6-13　DM P2500 打印机外观图

此外，DM P2500 包括 $35\mu m$ 的 XY 分辨率和 $Ra6\mu m$ 的平均表面粗糙度。这些数字意味着打印机可以处理"医疗级平滑的复杂架构"，即使是微小的规模。

在砂型打印方面，近年来在国内外也取得了快速的发展，一方面由于其技术优势，适用于多品种小批量的零部件制造以及产品开发；另一个方面是目前制造业面临转型升级和创新发展的瓶颈，为 3D 打印技术提供了深耕行业应用的需求。"十三五"规划以来，铸造行业作为制造业的基础行业，面临产能过剩、产品附加值不高、节能环保、用工荒等严峻难题，迫切需要利用数字化、自动化、智能化技术对传统铸造产业进行升级改造。

国内外相关政策也在推动技术进步。

美国于 2012 年提出"国家制造业创新网络计划"，拟以 10 亿美元联邦政府资金支持 15 个制造技术创新中心。2016 年，美国发布了铸造行业路线图（2016—2026），针对增材制造和快速消减制造两方面的发展计划确定了时间表。

日本于 2014 年启动 3D 打印机国家项目，其中"超精密 3D 成形系统技术开发"主题以成形铸造模型的 3D 打印机为对象，资助上限为 5.5 亿日元。项目的开发主体"TRAFAM（新一代 3D 沉积成形技术综合开发机构）"中除日本 CMET 公司之外，还有日本产业技术综合研究所、群荣化学工业、KOIWAI、木村铸造所、日产汽车、Komatsu Castex、IHI 等与砂模 3D 打印机有关的成员参与，未来将推出高效高精大尺寸砂模沉积成形打印机。

2015 年 5 月 8 日，"中国制造 2025"提出了"创新、协调、绿色、开放、共享"的五大发展新理念，坚持走中国特色的新型工业化道路。中国铸造行业"十三五"发展规划坚持质量和品牌、创新驱动、绿色铸造、结构优化、精益管理、人才培养战略，特别提出，到 2020 年推进两化深度融合，实现铸造装备与工艺"互联网＋"的新跨越，重点包括：大幅面砂型（芯）3D 打印装备和相关耗材以及机器人应用；集成其他数字化设计、分析及制造技术；开发数字化近净成形无模铸造技术；打造数字化智能铸造工厂（车间）。关键共性铸造技术——工艺分类中包括：应用于铸造生产的 3D 打印和砂型铣削快速成形技术。优先发展的重大铸造装备中包括：铸造 3D 打印和砂型铣削快速成形设备。2018 年 1 月 31 日，国家工信部印《首台（套）重大技术装备推广应用指导目录（2017年版）》中包括"铸造用工业级砂型 3D 打印机"。

6.6.3　后处理工艺研究现状

由于黏合剂喷射成形工艺采用粉末堆积、黏合剂黏结的成形方式，得到的成形件会有较多的孔隙，因此打印完成后打印坯还需要合理的后处理工序来达到所需的致密度、强度和精度。目前，打印件致密度和强度方面常采用低温预固化、等静压、烧结、熔渗等方法来保证，精度方面常采用去粉、打磨抛光等方式来改善。

（1）去粉

成形坯如果具有一定强度，则可以直接从粉末床中取出，然后将坯体周围粉末扫去，剩余较少粉末或内部孔道内未黏结的粉末可通过气体吹除、机械振动、超声波振动等方法去除，也可以浸入到特制溶剂中除去。如果打印坯强度较低，直接取出容易破裂，则可以用压缩空气将干粉缓慢吹散，然后对成形坯喷固化剂进行加固；部分种类的黏合剂制得的成形坯可以先随粉末床一起采用低温加热，初步完成固化后得到具有一定强度的制品，再采用前述方法进行去粉。

（2）等静压

为了提高制件整体的致密性，可在烧结前对成形坯进行等静压处理。有研究将等静压技术与选择性激光烧结技术结合获得致密性良好的金属制件，模仿这个过程，研究人员将等静压技术与黏合剂喷射工艺相结合以改善制件的各项性能。按照加压成形时的温度高低对等静压工艺进行划分，可分为冷等静压、温等静压、热等静压三种方式，每种方式都可满足相应材料体系的应用。Sun W 等人采用冷等静压工艺，使得黏合剂喷射成形工艺打印出的 Ti_3SiC_2 覆膜陶瓷粉末制件的致密性得到了较为明显的提升，烧结完成后制件的致密度从 $50\%\sim60\%$ 提高至 99%。

如果没有二级低熔点材料的渗透，很难实现 100% 的密度。Yun Bai 等人研究发现使用热等静压（HIP）作为烧结部件的后处理，以评估其对黏合剂喷射成形工艺中印刷的部件的密度、孔隙率和收缩率的影响。在以铜为原料的基础上进行研究。结果表明，使用 HIP 可以将最终零件密度从 92%（烧结后）提高到理论密度 99.7%，从图 6-14 所示的样品显微照片中可以看到明显差异。

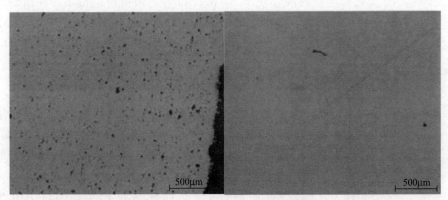

(a) 烧结部分，1.88%孔隙度   (b) HIP部分，0.13%的孔隙率

图 6-14   HIP 后密度改善的样品显微照片

（3）烧结

陶瓷、金属和部分复合材料成形坯一般都需要进行烧结处理，不同的材料体系采用的烧结方式不同。烧结方式有气氛烧结、热等静压烧结、微波烧结等。Williams C B 等用多孔的马氏体时效钢粉末进行打印，并在还原性气体 Ar-10% H_2 中进行烧结，获得了强度高、重量轻的制品。通常来讲，氮化物陶瓷类宜采用氮气气氛烧结，硬质合金类宜采用微波烧结。烧结参数是整个烧结工艺的重中之重，它会影响制件密度、内部组织结构、强度和收缩变形。孙健等将 BJ 工艺用于多孔钛植入体的制备，氩气保护下烧结打印坯，通过对不同温度和保温时间下烧结件的显微硬度、结构、孔隙率、抗压强度等多项性能参数的检测分析，找出合适的烧结工艺参数，获得了性能良好的产品。封立运等采用多种烧结工艺及烧结参数，最后分析得出热解除碳后烧结工艺能有效控制黏合剂喷射成形工艺打印的 Si_3N_4 试样烧结过程中的收缩变形。Yujia Wang 等人

研究不锈钢 316L 烧结参数对线性尺寸精度的影响，发现采用合适的烧结参数，三轴方向尺寸精度最多可以提高 45.34%。

（4）熔渗

打印坯烧结后可以进行熔渗处理，即将熔点较低的金属填充到坯体内部孔隙中，以提高制件的致密度，熔渗的金属还可能与陶瓷等基体材料发生反应形成新相，以提高材料的性能。Carreno-Morellia E 等采用 20Cr13 不锈钢粉末得到齿轮打印坯，1120℃烧结得到相对密度为 60% 的烧结件，之后再向其中渗入铜锡合金得到全密度的产品。Nan B Y 等将 BJ 工艺打印好的混合粉末（TiC、TiO_2、糊精粉）初坯，在惰性气体中烧结得到预制体，再将定量的铝锭放在其表面，在 1300～1500℃ 下保温 70～100min 进行反应熔渗，制备出了 Ti_3AlC_2 增韧 $TiAl_3$-Al_2O_3 复合材料。

（5）打磨抛光

为了缩短整个工艺流程，打磨抛光这一项后处理过程是不希望用到的。但由于目前技术的限制，为了使制件获得良好的表面质量而使用。具体可采用磨床、抛光机或者手工打磨的方式来获得最终所需要的表面质量，也可采用化学抛光、表面喷砂等方法。

相较于其他金属增材制造工艺，如 SLS 和 EBM、BJ 工艺在生产脆性制品有独特的优势，它不涉及熔化和凝固阶段所遇到问题，也不会在打印过程中因热应力而出现开裂。J. J. S. Dilip 成功使用 Ti6Al4V 和 Al 粉末制备出 Ti-Al 金属间化合物多孔三维零件。

参考文献

[1] Biehl S, Danzebrink R, Oliveira P, et al. Refractive microlensfabrication by ink-jet process[J]. Journal of sol-gel science andtechnology, 1998, 13 (1-3): 177-182.

[2] Lopes A J, MacDonald E, Wicker, R B. Integratingstereolithography and direct print technologies for 3D structuralelec-

tronics fabrication[J]. Rapid Prototyping Journal, 2012, 18 (2): 129-143.

[3] Katstra W E. Fabrication of complex oral drug delivery forms by Three Dimensional Printing (tm)[D]. Massachusetts Institute ofTechnology, 2001.

[4] Langer R, Vacanti J P. Tissue engineering

[J]. Science，1993，260：920-926.

[5] 孟庆华，汪国庆，姜的宏，等. 喷墨打印技术在 3D 快速成形制造中的应用[J]. 信息记录材料，2013，5，41-51.

[6] 徐路钊. 基于 UV 光固化微滴喷射工艺的异质材料数字化制造技术研究[D]. 南京：南京师范大学，2014.

[7] 王位. 三维快速成形打印技术成形材料及粘结剂研制 [D]. 广州：华南理工大学，2012.

[8] Sachs E M，Hadjiloucas C，Allen S，et al. Metal and ceramic containing parts produced from powder using binders derived from salt[J]，2003.

[9] 钱超，樊英姿，孙健. 三维打印技术制备多孔羟基磷灰石植入体的实验研究[J]. 口腔材料器械，2013，22（1）：22-27.

[10] 周攀. 粘结剂含量对三维打印 Al_2O_3 基陶瓷材料性能的影响[J]. 装备制造，2014，14（4）：317-321.

[11] Yun Bai，Christopher B. Williams. An exploration of binder jetting of copper[J]. Rapid Prototyping Journal. 2015，21（2）：177-185.

[12] Bredt J F，Anderson T C，Russell D B. Three dimensional printing materials system：US，6416850[P]，2002-9-7.

[13] Feenstra F K. Method for making a dental element：US，6955776[P]. 2002.

[14] J P F. Introduction to Rapid Prototyping & Manufacturing：Fundamentals of stereo lithography [M]. Dearborn：Society of Manufacturing Engineers，1992：1-23.

[15] 张健，芮延年，陈洁. 基于 LOM 的快速成形及其在产品开发中的应用[J]. 苏州大学学报（工科版）. 2008（04）.

[16] Bernhard Muellera，Detlef K. Laminated object manufacturing for rapid tooling and patternmaking in foundry industry [J]. Computers in Industry. 1999，39（1）：47-53.

[17] Galantucci L M，F. L，G. P. Experimental study aiming to enhance the surface finish of fused deposition modeled parts [J]. CIRP Annals-Manufacturing Technology. 2009，58（1）：189-192.

[18] 阳子轩，章晋文，鲁宏伟. 基于 VC 的 VRML 中复杂物体建模研究[J]. 中国水运，2008. 11，6（11）：149-151.

[19] 赵昀初，丁友东. OpenGL 与 VRML 在细分几何造型中的应用[J]. 计算机应用与软件，2011. 11，21（11）：62-64.

[20] 李淑娟，陈文彬，刘永，等. 基于神经网络和遗传算法的三维打印工艺参数优化[J]. 机械科学与技术，2014，33（11）：1688-1693.

[21] 符柳，李淑娟，胡超. 基于 RSM 的三维打印参数对材料收缩率的影响[J]. 机械科学与技术，2013，32（12）：1835-1840.

[22] Lorenz A M，Sachs E M，Allen S M. Techniques for infiltration of a powder metal skeleton by a similar alloy with melting point depressed. US，6719948[P]. 2004.

[23] Sun W，Dcosta D J，Lin F，et al. Freeform fabrication ofTi3SiC2powder-based structures Part I-Integrated fabrication process[J]. Journal of Materials Processing Technology，2002，127：343-351.

[24] Williams C B，Cochran J K，Rosen D W. Additive manufacturing of metallic cellular materials via three-dimensional printing [J]. The International Journal of Advanced Manufacturing Technology，2011，53：231-239.

[25] 孙健，熊耀阳，陈萍，等. 不同烧结温度下三维打印成形多孔钛植入体的实验研究[J]. 国际生物医学工程杂志，2012，35（6）：332-336.

[26] 封立运，殷小玮，李向明. 三维打印结合化学气相渗透制备 Si3N4-SiC 复相陶瓷[J]. 航空制造技术，2012（4）：62-65.

[27]　Yujia Wang, Zhao, Y. F. Investigation of Sintering Shrinkage in Binder Jetting Additive Manufacturing Process [J]. Procedia Manufacturing, 2017, 10, 779-790.

[28]　Carreno-Morellia E, Martinerieb S, Mucks L, et al. Three-dimentional printing of stainless steel parts[C]. ABC Proceedings of Sixth International Latin-American Conference on Powder Technology. Buzios: ABC, 2007.

[29]　Nan B Y, Yin X W, et al. Three-dimensional printing of Ti3SiC2-based ceramics[J]. Journal of American Ceramic Society. 2011. 94 (4): 969-972.

[30]　Dilip J J S, Miyanaji H, Austin Lassell. A novel method to fabricate TiAl intermetallic alloy 3D parts using additive manufacturing. Defence Technology. 2017, 72-76.

第7章

定向能量沉积技术

7.1 定向能量沉积技术的基本原理

定向能量沉积技术是利用大功率、高能量激光束聚焦能力极高的特点，瞬时以近似绝热方式的快速加热，在极短的时间内使待加工工件的表面微焰，同时将利用同轴送粉方法送至的沉积粉末与基体表面一起熔化后，迅速凝固，从而获得能够与基体达到冶金结合的致密沉积层，并通过机械加工以达到零件的几何尺寸或强化零件的表面性能，如图 7-1 所示。定向金属沉积成形工艺是一种快速成形工艺，其特征是采用高功率激光选择性熔化同步供给的金属粉末，在基板上逐层堆积形成金属零件，其基本原理和一般快速成形技术相同，用在成形平台上一层层堆积材料的方法来成形零件。材料一般为金属粉末，输送方式有同轴式送粉和偏置式送粉。同轴式送粉的粉末流相对激光束成对称分布，送粉均匀无方向性；偏置式送粉的粉末流在激光束一侧送入，送粉有方向性。

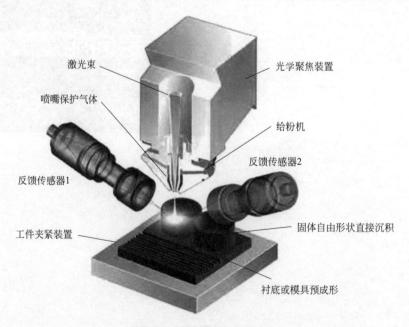

图 7-1 定向能量沉积原理

7.2 定向能量沉积技术的适用材料与设备

在直接沉积扫描过程中,激光加热产生瞬态和非均匀的温度分布,材料受热膨胀,不同区域发生不同程度的膨胀,产生不同的热应力,冷却收缩会产生变形,当上层冷却收缩,由于已沉积层的约束而产生拉应力,一层层积累,就导致整个薄壁翘曲变形。当这种拉应力过大而超过当时温度下的材料的抗拉极限强度时,就会产生裂纹,导致成形失败。特别是当零件和基体部分裂开脱离时,零件各部分向基体的传热状态不相同,使层高不稳定,大大降低成形质量。减小变形和避免裂纹缺陷的根本解决方法是尽可能选择膨胀系数小并且和基体接近的粉末材料。这也是选择和配制成形材料的基本原则。

国内外学者已对不同金属粉末体系做过试验,包括 Cu、Pb、Ni-Sn、Fe-Sn、Fe-Cu、Cu-Sn、W-Cu、Cu-Ni、Cu-Sn-Ni-P、Ti6Al4V、316L、Ni 等。结果发现,对于不同粉末体系,上述问题的严重程度是不同的。究其原因,各种金属粉末体系因其化学组分、物理性质等特性的不同,以及相应工艺参数的差异,故激光烧结成形机制不尽相同,从而导致不同的烧结质量。因此,作为定向能量沉积技术中的共性问题,"球化"效应和烧结变形与材料的成形机制是息息相关的,故有必要从研究金属粉末体系在定向能量沉积技术的成形机制入手,分析材料特性和工艺参数对成形机制的影响,提出控制和解决上述问题的措施,以改善烧结质量及实现零件的精密成形。

韩国3D打印设备制造商InssTek因发布了一台非常小型的桌面金属3D打印机 MX-Mini(图7-2)而引起业界的瞩目。据称,这是全球首台使用定向能量沉积(DED)技术的桌面金属3D打印机,其打印过程如图7-3所示。MX-Mini 基于定向能量沉积原理(实际上包含了 DMT 技术),并在尺寸和重量方面做了最小化处理,使之称得上是一台真正的桌面3D打印机。尽管整个机器的框架很小,但是 InssTek 努力保持其打印空间最优化,这台设备的尺寸为 850mm×950mm×850mm,重 300kg,但打印尺寸可达 200mm×200mm×200mm,并且配备了 3000W 的掺镱光纤激光器、一个 PC 控制的触摸系统、三维运动平台,还配备了两个粉料斗,这意味它可以进行多材料打印。InssTek 开发的这台小型3D打印机主要面向科研和教育机构,它的小身材可以适应较小的工作空间。当然,InssTek 表示,未来这款设备进一步发展后将进军航空航天和电子工业应用领域。

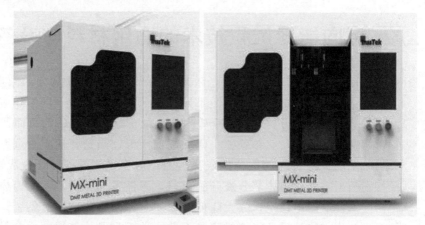

图 7-2　MX-Mini 设备

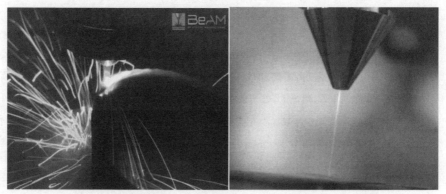

(a) MX-Mini打印过程　　　　　　　　(b) MX-250打印过程

图 7-3　定向能量沉积设备打印过程

　　烧结辅助材料（添加剂）对改善定向能量沉积制品的烧结性也有一定作用。烧结辅助材料一般是作为稀释剂或脱氧剂而加入粉末体系中，其添加数量和添加形态对于烧结件的显微组织和最终性能具有重要的影响。例如，在预合金 SCuP 粉末 DED 中加入少量 P 和 Ag，Ag 元素有效地增加了烧结件的延展性，P 元素的存在致使表面氧气优先与 P 反应生成磷渣，从而能在液相烧结阶段形成金属-金属界面，改善润湿性，抑制"球化"现象。在铁基粉末 DED 试验中，将适量的 C 单质作为烧结辅助材料，其作用是降低了铁基粉末的熔点并减小 Fe 熔体的表面张力和黏度。

　　美国定向能量沉积提供商 BeAM Machines Inc. 推出了新型 Modulo 5 轴 DED 3D 打印机（图 7-4）。

图 7-4 新型 Modulo 5 轴 DED 3D 打印机

整合、紧凑性和可移植性是新 Modulo 的主要特点。区别于其他能量定向沉积系统将所需的二次设备（如激光、冷却器和抽烟机）定位在打印机外壳之外的做法，BeAM Modulo 将所有必需的外围设备完全集成到机柜中，大大减少了总占地面积。由于机器的便携性和紧凑性，它很适合通过集装箱或传统的厢式货车运输，可以应用于偏远地区，如海上石油钻井平台和军事冲突地带。此外，BeAM Machines 将会提供新的 DED 系统，提供标准的选项：2kW 光纤激光器、完全控制的惰性气氛系统、多个沉积头、触摸触发探头和用于干式加工的轻型铣削主轴，将全部成为 Modulo 的标准功能。

7.3 定向能量沉积技术的优缺点

与选择性激光熔融技术相比，能量定向沉积技术制备的零部件尺寸更大沉积效率更高，还可根据零件的工作条件和服役性能要求，通过灵活改变局部激光熔化沉积材料的化学成分和显微组织，实现多材料、梯度材料等高性能材料构件的直接近净成形等。但该技术的缺点是只能成形出毛坯，还需要依靠数控加工达到其最终尺寸。

对于选择性激光熔融打印金属，工作区域首先必须充满惰性气体，这是一个耗时的过程。而对于定向能量沉积技术来说，3D 打印加工过程可以立即开始，因为惰性气体直接从激光头流出并包围粉末流和熔池。此外，定向能量沉积技术允许激光头和工件更灵活地移动，从而为增加设计自由度和生产更大的部件打开了大门，在航空工业和涡轮机技术等领域具有潜在优势。

制约定向能量沉积技术的主要因素有：

① 加工效率 这种层层叠加、激光熔化的加工方式决定了加工效率相对较低，目前市面上的 3D 金属打印设备层厚在 $10 \sim 100 \mu m$ 之间，普遍的沉积率约 $3.8 mm/s$。

② 表面粗糙度相对较差 目前的金属 3D 打印制品的粗糙度约为 $Ra 10 \sim 50 \mu m$ 之间，类似于精密铸造后的表面状态。一般都需要后续的抛光处理，但对于内孔等复杂部位则相对困难。

③ 金属打印装备及耗材价格昂贵 主流的 $250 mm \times 250 mm \times 325 mm$、400W 激光器规格的设备，国产设备需 200 万～300 万元，国外设备需 500 万～600 万元。

④ 力学性能 目前金属 3D 打印机加工的产品其力学性能约处于铸件和锻件之间，因而对一些关键零部件还需要进行后处理，如热等静压或热处理等。

7.4 定向能量沉积技术的应用领域

7.4.1 石油行业

石油勘探和开发是庞大、复杂的系统工程，对产品的可靠性、安全性、适应性有着许多特殊要求。随着全球经济的发展，各国对石油和天然气的需求直线上升。面对巨大的能源需求，世界范围内的油气产能建设和油气生产却相对不足，非常规石油天然气资源开始受到更多关注，如页岩气、煤层气、深海油气等非常规资源的开发。非常规资源的开采难度大、技术要求高，其开发势必对石油装备带来新的挑战和更高的要求，而 3D 打印技术可让工程师实现复杂的设计以应对极端环境带来的各种挑战。由于成本、效率等因素的制约，目前金属 3D 打印在石油行业多用于维修领域，零部件的直接制造则处于尝试阶段，更多的是采用高分子材料进行原型设计。近日，GE 石油天然气集团在日本的新潟制造工厂采用金属 3D 打印技术制备了具有特殊结构的梅索尼兰调节阀部件，该调节阀配件具有复杂形状，如中空结构、弯曲形状、网格等特点。结合石油行业的特点，金属 3D 打印技术最有可能应用于以下两个方面。

① 结构复杂且需要多种常规工艺（铸造、机加工、焊接、铆接等）组合加工的地面装备零部件，如具有复杂型腔结构的各种阀类零部件及多孔过滤或者流线型设计的零部件。3D打印技术能够制造在传统制造工艺下无法实现的复杂形状，使设计人员获得了前所未有的产品设计自由度；也使得一体化成形成为可能，极大地降低了成本。

② 特殊的井下工具，如连续管井下工具。连续管井下工具是连续管技术的重要构成，是连续管技术应用的关键要素，具有安全可靠性要求高以及空间局限性引起的结构复杂（内部孔道、异型面、装配复杂等）、小型化等特点，因此要求在满足功能性的前提下结构尽可能简单。3D打印技术不仅可以完美地实现一体化成形，还可快速地将设计好的产品制备出来，使得对于不同的井况和作业定制相应的工具成为可能。例如它可以将一个特殊形状的部件，从传统方法的三个月生产周期，缩短至大约两周来完成。其次是一些个性化工具的应用，最典型的是钻头，为了提高破岩效率以及钻头的清洁和冷却效果，钻头的设计、加工将更为复杂，3D打印技术为这些功能的实现提供了可能，目前国内外一些研究机构已着手进行这项工作。

7.4.2　军事领域

美国陆军坦克车辆研发工程中心（TARDEC）的工程师使用直接沉积金属工艺修复/再制造国防部地面车辆系统损坏的部件。高度集成的系统工程工艺利用激光、计算机辅助设计和粉末金属来重新改装部件以满足不同设计和技术升级需求。作为国防部所有有人和无人地面车辆系统的集成单位，TARDEC负责提供先进的军用车辆技术。该中心的技术、科学和工程研究人员一直在进行地面系统生存力、动力和机动性、地面车辆机器人、部队防护、车辆电子学和结构等的前沿研究与开发。

参考文献

[1]　张小伟.金属增材制造技术在航空发动机领域的应用[J].航空动力学报，2016，31（1）：10-16.

[2]　姚纯，胡进，史建军，等.改进刮板式送粉器用于激光直接金属沉积成形[J].机械制造，2006，44（8）：26-28.

[3]　Arkhipov V A, Berezikov A P, Zhukov A S, et al. Laser diagnostics of the centrifugal nozzle spray cone structure [J]. Russian Aeronautics, 2009, 52（1）: 120-124.

[4]　王华明. 高性能大型金属构件激光增材制造: 若干材料基础问题 [J]. 航空学报, 2014, 35（10）: 2690-2698.

[5]　吴任东, 王青岗, 颜永年, 等. 直接金属沉积成形工艺研究 [J]. 热加工工艺, 2004（1）: 1-3.

[6]　Pessard E, Mognol P, HascoT J Y, et al. Complex cast parts with rapid tooling: rapid manufacturing point of view[J].

The International Journal of Advanced Manufacturing Technology, 2008, 39（9-10）: 898-904.

[7]　徐国贤, 颜永年, 郭戈, 等. 直接金属沉积成形工艺的 RP 软件研究[J]. 新技术新工艺, 2003（2）: 31-34.

[8]　李小丽, 马剑雄, 李萍, 等. 3D 打印技术及应用趋势[J]. 自动化仪表, 2014, 35（1）: 1-5.

[9]　任武, 徐云喜, 谭文锋, 等. 金属 3D 打印技术及其在石油行业应用展望[J]. 石油和化工设备, 2015, 18（12）: 22-26.

[10]　梓文. 直接金属沉积工艺[J]. 兵器材料科学与工程, 2015（1）.

第8章

层积成形技术

层积成形（sheet lamination，SL）包括分层实体制造（laminated object manufacturing，LOM）和超声增材制造（ultrasonic additive manufacturing，UAM）。

在 SL 过程中，形成各层连接的比能 W^* 由式(8-1)给出：

$$W^* = \rho c T \tag{8-1}$$

式中，ρ 为所用箔材的密度；c 为比热容；T 为箔材的分解温度。层合过程的每层成像时间 t_{image}：

$$t_{image} = W^* A c l_1 / P \tag{8-2}$$

因此，实体制造速度为：

$$v = \frac{l_1}{\dfrac{W^* A c l_1}{P} + t_{reset}} \tag{8-3}$$

式中，P 为所用切割激光的功率；A 为箔材的加工面积；l_1 为箔材厚度；t_{reset} 为该层其他时间的总和。

8.1　分层实体制造技术

8.1.1　分层实体制造技术原理及过程

分层实体制造技术以纸、金属箔、塑料等箔材固体为原材料，主要用于制造模具、模型及部分结构件。它是通过材料的逐层叠加来实现成形的一种方式，因此也称为薄层材料选择性切割。在材料表面涂上热熔胶，通过热压辊碾压黏结成一层，用激光束按照分层处理后的 CAD 模型对表面轮廓进行扫描切割，由此实现零件的立体成形。而每个箔材上剩余的材料可以通过真空吸收进行移除，也可以直接保留下来作为下一层箔材的支撑。在实际应用当中是在以箔材几何信息的基础上，通过数控激光机在箔材上对本层的轮廓进行切除，将非零件部分去除之后在本层上方再铺设一层箔材，通过加热辊对其进行碾压处理之后对黏合剂进行固化，以此使新铺设的箔材能够在已成的形体当中牢固黏结。之后，对该层的轮廓进行切割，反复以该方式处理，直至加工完成。

分层实体制造技术过程主要分为前处理、分层叠加成形、后处理三个步骤。

（1）前处理

前处理即计算机建模阶段。此时，需要通过三维造型软件（如 Pro/E、

UG、SOLIDWORKS）对产品进行三维模型建模，将制作出来的三维模型转换为 STL 格式，再将 STL 格式的模型导入切片软件中进行切片。

（2）分层叠加成形

在制造模型时，工作台需频繁起降，所以须将原型的叠件与工作台牢牢连在一起，这就需要制造基底。通常的办法是设置 3～5 层的箔材作为基底，但有时为了使基底更加牢固，可以在制作基底前对工作台进行加热。

在基底完成之后，快速成形机可根据事先设定的工艺参数自动完成原型的加工制作。工艺参数的选择与选型制作的精度、速度以及质量密切相关。重要的参数有激光切割速度、加热辊热度、激光能量、破碎网格尺寸等。

原型制作的工艺过程如图 8-1 所示：箔材运动至成形平台生坯上方；激光器根据目标形状要求对箔材进行切割得到目标箔材，使目标箔材与原料箔材分离；辊子滚压箔材，使目标箔材与平台上坯体紧密贴合；喷洒器向箔材喷水，使原本干燥箔材表面黏合剂溶解，具有黏结能力；平台下降一层；完整原料箔材运动至坯体上方。重复进行上述步骤，直到制得完整目标坯体。

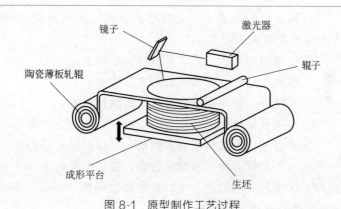

图 8-1 原型制作工艺过程

（3）后处理

后处理包括余料去除和后置处理。余料去除是在制作的模型完成打印之后，把模型周边多余的材料去除，留下模型。后置处理是将余料去除以后，为提高原型表面质量，对原型进行后置处理。后置处理包括了防水、防潮等。经过后置处理，制造出来的原型达到快速原型表面质量、尺寸稳定性、精度和强度等要求。在后置处理中的表面涂覆可以提高原型的强度、耐热性、抗湿性，延长使用寿命，改善表面光洁度以及更好地用于装配和功能检验。

分层实体制造还可以根据箔材之间的黏结机理进行进一步的分类，如黏结、热合、夹紧等。

8.1.2　分层实体制造技术优缺点

（1）分层实体制造的优势

① 制作成本低；

② 可加工尺寸较大的零件，废料容易从主体剥离，后处理过程相对简单；

③ 可选用的材料较多，理论上讲，任何可切成箔材的材料均可应用，例如纸、塑料、金属、纤维及其复合物等；

④ 不需要预先设置支撑结构，因为它通过固态材料制作模型；

⑤ 由激光切割技术辅助，减少打印步骤，成形速度快，降低了生产复杂零件需要的时间。成形速度大约能达到其他工艺的5～10倍；

⑥ 可以进行切削加工。

（2）分层实体制造的局限性

① 精度相对较低，表面质量差，各层之间存在"台阶效应"，力学性能各个方向差异较大；

② 减堆积的生产方式使得材料浪费严重；

③ 移除模型时会影响模型的表面质量；

④ 不适合于制作带有空洞与凹角的模型等；

⑤ 有激光损耗，需要建造专门的实验室，维护费用昂贵；

⑥ 难以成形形状精细、多曲面的零件，限于结构简单的零件；

⑦ 制作时候，加工室温度过高，容易引发火灾，需要专人看守；

⑧ 需要较高的制造温度，导致残热现象，有效控制残热现象是提高分层实体制造技术的关键。

在设备方面，美国 Helisys 公司已推出 LOM-1050 和 LOM-2030 两种型号成形机。

8.2　超声增材制造技术

超声增材制造技术是在超声波焊接技术的基础上发展起来的，该技术采用大功率超声能量，原材料为金属箔材，金属层间的振动摩擦产生的热量使得材料局部发生剧烈的塑性变形，进而达到原子间的物理结合，是实现同种或者异种金属间固态连接的一种特殊方法。

超声增材制造技术可以看作是包括数控铣削和超声波金属焊接在内的一种复合薄板加工工艺。它的基础是超声波叠层材料的快速固化成形，实际是一种大功率超声波金属焊接过程。金属连接过程无需向工件施加高温热源，在静力作用下将弹性振动的能量转化为工件界面的摩擦功、形变能及温升。此时，固结区域的金属原子被瞬间激活，通过金属塑性变形过程中界面处的原子相互扩散渗透，实现金属间的固态连接。类似于摩擦焊，但其焊接时间很短，局部焊接温度低于金属的再结晶温度。相比于压力焊，其所需要的静压力小得多。图 8-2 为金属箔材超声波固结原理示意。

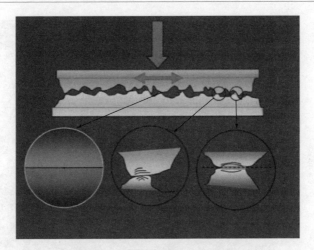

图 8-2　金属箔材超声波固结原理

（1）超声增材制造技术的优势

① 无需使用激光、电子束等高能装置，温度低、变形小（成形后无需进行应力退火）、成形速度快、能耗小、环保；

② 工艺简单、固态连接成形精度高且材料应力低；

③ 结合强度高且能固结异种金属材料；

④ 原材料是采用一定厚度的普通商用金属带材，如铝带、铜带、钛带、钢带等，而不是特殊的增材制造专用金属粉末，所以原材料来源广泛，价格低廉；

⑤ 由于该技术的制造过程是低温固态物理冶金反应，因而可把功能元器件植入其中，制备出智能结构和零部件。

（2）超声增材制造技术成形的局限性

① 国内超声波金属焊接技术与装备不够完善，它停留在点焊、滚焊等点、线焊接层面，远没有达到面与面间的大尺度焊接能力；

② 我国相关研究起步较晚，且受制于欧美等发达国家长期以来的技术封锁。因受换能器压电陶瓷转换效率的制约，实际输出的超声能量难以大幅提高；

③ 超声波增材制造技术的工艺适用范围和加工能力还不能满足厚度大和强度高金属板材的增材制造。

在设备方面，美国率先研发了国际上第一台利用超声波能量固结成形的非高能束成形增材制造装备，如图 8-3 所示，其技术指标见表 8-1。

图 8-3　美国研发的第三代非高能束成形增材制造装备

表 8-1　美国研发的超声波非高能束成形增材制造装备技术指标

型号	第一代	第二代	第三代
换能器功率/kW	4.5	9(4.5)	9
最大载荷/N	11000	11000	22000
工作空间大小/mm	500×300×150	1000×600×600	1800×1800×900
铣削制造功能	无	3轴CNC加工	3轴CNC加工
送料方式	手动	自动	自动

8.3　层积成形技术的适用材料

8.3.1　分层实体制造技术的成形材料

　　分层实体制造技术的成形材料一般由薄片材料和热熔胶两部分组成。其中薄片材料是根据构建模型的不同的性能要求进行选择。用于分层实体制造的热熔胶按照基体树脂划分为：乙烯-醋酸乙烯酯共聚物（EVA）型热熔胶、聚酯类热熔胶、尼龙类热熔胶或者其他的混合物。目前，EVA型热熔胶应用最广。其中，在构建的模型对基体薄片材料有性能要求：抗湿性、良好的浸润性、抗拉强度、收缩率小、剥离性能好。对热熔胶的性能要求则为：良好的热熔冷固性能（室温下固化）、在反复"熔融-固化"条件下其物理化学性能稳定、熔融状态下于薄片材料有较好的涂挂性和涂匀性、足够的黏结强度、良好的废料分离性能。分层实体制造工艺采用薄片材料，如纸、塑料薄膜等，片材表面事先涂覆上一层热熔胶。

　　① 金属间化合物：因具有高比强度、高弹性模量、高抗氧化性、良好的抗腐蚀性以及低密度等特性，使其具有广阔的应用前景。由于金属间化合物的本征脆性和环境脆性，其在室温下的塑性和韧性较低，严重限制了金属间化合物的进一步应用，金属-金属间化合物叠层复合材料既可以保留金属间化合物的高温强度，又可以继承金属在室温下的良好的塑性和韧性。

　　② 陶瓷薄片材料：近年来，陶瓷的增材制造逐步成为研究热点，目前应用于分层实体制造技术的陶瓷薄片材料，其制备技术已经成熟，成本较低，可以迅速获得原材料。

　　③ 塑料薄膜和复合材料薄片。

　　④ 纸片薄片：纸片薄片应用最为广泛，其他材料大多在研发中。

8.3.2　超声增材制造技术的成形材料

（1）金属

　　超声增材制造技术早期用于制备强度低、塑性好而且易于冶金结合的同种金属叠层材料体系，如铝箔（Al3003、Al6061等）。随着超声波装备中关键部件换能器技术的发展，超声波固结功率从 3k～4kW 提升至

9kW，使其成形能力进一步提高，该技术逐渐被应用于制备强度高的同种或异种金属叠层材料，如退火 316L、Cu/Cu、Ti/Al、Al/Cu 等。

① 金属蜂窝夹芯板结构　超声波增材制造技术的一个应用是金属蜂窝夹芯板的制造。图 8-4 所示为所制造的金属蜂窝夹芯板。

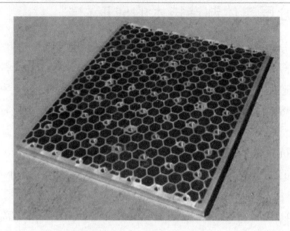

图 8-4　金属蜂窝夹芯板

② 金属叠层零部件制造　超声波增材制造技术能够制造出内腔复杂、精确的叠层结构，所以近年来在金属零部件制造领域中的应用前景明显。逐层制造的特点使得很容易设计并制造出独特的内部结构，可应用于精密电子元器件的封装 ［图 8-5(a)］，铝合金航空零部件 ［图 8-5(b)］的快速制造和铝合金微通道热交换器 ［图 8-5(c)］等零部件及结构件的制造。

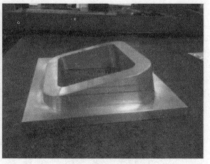

(a) 精密电子元器件封装结构　　　　　　　　(b) 铝合金航空零部件

(c) 铝合金微通道热交换器

图 8-5　应用超声波增材制造技术的典型零件

（2）纤维增强叠层金属复合材料

由于该技术具有低温制备的优点，在纤维增强叠层金属复合材料获得了应用。

（3）功能/智能材料

利用超声波增材制造技术已经成功地在金属基体中埋入光导纤维、多功能元器件等，从而制造出金属基功能/智能复合材料。图 8-6 所示为铝基体中使用超声波增材制造方法嵌入光纤材料的功能材料。

图 8-6　超声波增材制造制备的光纤功能材料

参考文献

[1] Jian-Yuan Lee, Jia An, Chee Kai Chua. Fundamentals and applications of 3D printing for novel materials [J]. Applied Materials Today 7（2017）: 120-133.

[2] 杨少斌，陈桦，张耿，等. 叠层实体工艺制备可控孔隙结构多孔陶瓷[J]. 陶瓷学报，2019，40（1）: 67-71.

[3] 方静. 现代机械的先进加工工艺与制造技术综述[J]. 机械管理开发，2018（8）: 245-246.

[4] 陈志茹，夏承东，李龙，等. 3D打印技术研究概况[J]. 金属世界，2018（4）: 9-19.

[5] 徐锋. 三维打印技术研究[J]. 信息技术，2015，98-101.

[6] 桑健，王波，朱训明，等. T2铜箔热辅助超声波增材制造工艺 [J]. 材料导报，2018，32（9）: 3199-3207.

[7] 焦飞飞，杨勇鹏，陆子川，等. 超声波金属快速增材制造成形机理研究进展[J]. 中国材料进展，2016，35（12）: 950-959.

[8] 邸浩翔，张琪琪，安晓光，等. 3D打印陶瓷技术的研究进展[J]. 山东陶瓷. 2018，41（3）: 18-24.

[9] Xiaoping Shu, Rongliang Wang. Thermal residual solutions of beams, plates and shells due to laminated object manufacturing with gradient cooling[J]. Composite Structures, 2017, 174: 366-374.

[10] VRIES E D. Mechanics and mechanisms of ultrasonic metal welding[D]. Columbus: The Ohio State University, 2004.

[11] 3D metal printing technology without the compromise[EB/OL]. 2015-11-08.

http: //fabrisonic. com/ultrasonic-additivemanufacturing-overview/.

[12] WARD C C M, MINOR R, DOORBAR P J. Intermetallic-matrix composites-a review[J]. Intermetallics, 1996, 4（3）: 217-229.

[13] YAMAGUCHI M, INUI H, ITO K. High-temperature structural intermetallics[J]. Acta Materialia, 2000, 48（1）: 307-322.

[14] FLEISCHER R L, DIMIDUK D M, LIPSITT H A. Intermetallic compounds for strong high-temperate materials: status and potential[J]. Annual Review of Materials Science, 1989, 19（1）: 231-263.

[15] 孔凡涛，孙巍，杨非，等. 金属—金属间化合物叠层复合材料研究进展[J]. 航空材料学报. 2018，38（4）: 37-46.

[16] Kong C Y, Soar R C, Dickens P M. Materials Science and Engineering A[J]. 2003, 363（1）: 99-106.

[17] Kong C Y, Soar R C, Dickens P M. Journal of Materials Processing technology[J], 2004, 146（2）: 181-187.

[18] Ram G D J, Yang Y. Journal of Manufacturing Systems[J], 2006, 25（3）: 221-238.

[19] Gonzalez R, Stucker B. Rapid Prototyping Journal[J], 2012, 18（2）: 172-183.

[20] Sano T, Catalano J, Casem D, et al. Microstructural and Mechanical Behavior Characterization of Ultrasonically Consolidated Titanium-Aluminum Lami-

nates[R]. USA Army Research Lab Aberdeen Proving Ground Md Weapons And Materials Research Directorate, 2009.

[21] Hopkins C D, Dapino M J, Fernandez S A. Journal of Engineering Materials and Technology[J], 2010, 132（4）: 0410061-0410069.

[22] Truog A G. Dissertation for Master（硕士论文）[D]. USA: The Ohio State University, 2012.

[23] Ramet G D J, Johnson D H, Stucker B E. Virtual and Rapid Manufacturing [J], 2008: 603-610.

[24] Sriraman M R, Babu S S, Short M. ScriptaMaterialia[J], 2010, 62（8）: 560-563.

[25] FRIEL R J, HARRIS R A. Ultrasonic additive manufacturing-a hybrid production process for novel functional products[J]. Procedia CIRP, 2013, 6（8）: 35-40.

[26] VRIES E D. Mechanics and mechanisms of ultrasonic metal welding[D]. Columbus: The Ohio State University, 2004.

[27] GEORGE J, STUCKER B. Fabrication of lightweight structural panels through ultrasonic consolidation[J]. Virtual and Physical Prototyping, 2006, 1（4）: 227-241.

[28] KONG C Y, SOAR R. Method for embedding optical fibers in an aluminum matrix by ultrasonic consolidation[J]. Applied Optics, 2005, 44（30）: 6325-6333.